冶金工业出版社

普通高等教育"十四五"规划教材

矿冶固体废物资源化
及其环境影响

陈云嫩　刘俊　王俊峰　喻玺　主编

北京

冶金工业出版社

2023

内 容 提 要

本书基于全生命周期理念，对矿冶固废资源化利用整个过程的资源、能源消耗和环境影响进行分析。全书共6章，在简要说明矿冶固体废物资源化过程存在环境问题的基础上，详细介绍了LCA的研究概况，并分别介绍了铜尾矿、钨尾矿、多源有色冶炼固体废物、稀土熔盐渣、稀土永磁固废等典型矿冶固体废物资源化利用途径及其资源化过程中的环境影响。

本书可作为环境工程、固体废弃物处理处置、电子废弃物处理与资源化利用等相关专业方向本科生及研究生的教材，也可作为相关专业领域的科研人员、工程技术人员和管理人员的参考用书。

图书在版编目（CIP）数据

矿冶固体废物资源化及其环境影响/陈云嫩等主编 . —北京：冶金工业出版社，2023.5

普通高等教育"十四五"规划教材

ISBN 978-7-5024-9468-1

Ⅰ.①矿⋯ Ⅱ.①陈⋯ Ⅲ.①矿山废物—固体废物利用—环境影响—高等学校—教材 ②冶金工业废物—固体废物处理—环境影响—高等学校—教材 Ⅳ.①X75

中国国家版本馆 CIP 数据核字（2023）第 078285 号

矿冶固体废物资源化及其环境影响

出版发行 冶金工业出版社		**电 话** (010)64027926	
地 址 北京市东城区嵩祝院北巷 39 号		**邮 编** 100009	
网 址 www.mip1953.com		**电子信箱** service@mip1953.com	

责任编辑 武灵瑶 张熙莹 美术编辑 彭子赫 版式设计 孙跃红
责任校对 梁江凤 责任印制 禹 蕊

北京捷迅佳彩印刷有限公司印刷

2023 年 5 月第 1 版，2023 年 5 月第 1 次印刷

710mm×1000mm 1/16；10.75 印张；210 千字；163 页

定价 49.00 元

投稿电话 （010）64027932 投稿信箱 tougao@cnmip.com.cn
营销中心电话 （010）64044283
冶金工业出版社天猫旗舰店 yjgycbs.tmall.com

（本书如有印装质量问题，本社营销中心负责退换）

前　言

矿产资源作为不可再生资源，其储存量越来越少，未来社会矿产资源需求与储量之间的矛盾已经引起了人们的高度关注。2020年4月29日新修订的《中华人民共和国固体废物污染环境防治法》中指出，国家鼓励采取先进工艺对尾矿、煤矸石、废石等矿业固体废物进行综合利用；我国"无废城市"和生态文明建设均要求落实固体废物的减量化、资源化、无害化的"三化"原则。在此背景下，编者结合自己多年讲授"固体废物处理与处置"课程的基本内容和体系，撰写了本书。

江西铜矿资源丰富，探明的铜工业储量（A+B+C级储量）占全国铜工业储量的1/3，居全国之首，是我国铜业生产最大的基地。"世界钨都"在中国，"中国钨都"在江西。从1907年在西华山发现钨矿至今，江西钨业已经走过了110多年光景。江西赣州是我国稀有金属产业基地，也是先进制造业基地，有着"稀土王国"的美誉。鉴于江西省铜、钨、稀土等资源富饶程度及在国内外的重要产业地位，本书主要以江西省矿冶固体废物资源化利用过程进行生命周期评价（LCA）分析。

本书共分6章。第1章为绪论；第2章在简要说明矿冶固体废物资源化过程存在环境问题的基础上，详细介绍了LCA的研究概况。第3章至第6章为不同固体废物资源化及其环境影响，重点讲述了排量大、来源广的几种固体废物和部分废渣的资源化利用途径及其资源化过程的环境影响。

　　本书由陈云嫩、刘俊、王俊峰、喻玺主编，陈云嫩编写了前言、第1.3节、第2章和第4章，刘俊编写了第1章和第3章，王俊峰编写了第5章，喻玺编写了第6章。

　　在本书的编写过程中，得到了江西省建筑材料工业科学研究设计院、江西瑞林稀贵金属科技有限公司、赣州富尔特电子股份有限公司、成都亿科环境科技有限公司等单位人员的热情帮助和大力支持。本书还参考引用了从事科研工作的李畅、林锦、陆柳鲜等撰写的论文等有关文献资料，黄国蕾对本书的编辑和加工做了许多工作，在此一并表示衷心的感谢！

　　由于编者水平所限，不足之处恳请读者批评指正！

陈云嫩

2022年8月于江西理工大学

目 录

1 绪 论

矿产资源是现代工业发展必需的物质基础，其消费需求量随着科学技术的发展迅速增加。我国是矿产资源储量大国，但由于地质成矿因素差异，矿产资源分布具有明显的区域特征。矿产资源开采给国家带来巨大经济效益的同时，也出现了一系列资源环境问题：一方面，由于矿产资源储量有限且处于长期过度开采的状态，使剩余可开采量急剧减少，严重制约了经济的发展；另一方面，矿产资源在开发利用过程中产生的大量尾矿得不到有效的处置利用，使其在环境中的堆存量越来越多。据资料显示，在选矿过程中每得到 1t 精矿，平均要产生上百吨甚至上千吨尾矿。堆存的尾矿不仅占用大量的土地资源，而且通过多种途径污染大气、水体和土壤，给矿区生态环境造成巨大威胁。近年来，随着各国尾矿库事故频发，造成无法挽回的损失，人们逐渐意识到尾矿对生态环境影响的严重性。目前我国正处于经济飞速发展的时期，对各种矿产资源的开发利用力度仍会加大，尾矿产生量也将随之递增。因此，加快对尾矿资源化利用技术的探索已迫在眉睫。

根据矿冶固体废物的组成成分特点，目前最常用的资源化技术主要有：提取有价金属、作为再选原料、用于矿坑回填、制作土壤肥料和生产建筑材料等。虽然这些技术一定程度上能降低矿冶固体废物堆存量，缓解生态系统压力，但矿冶固体废物资源化过程仍可能会消耗大量的资源和能源，同时排放出不少环境污染物。目前我国矿冶固体废物管理体系中的综合利用相关数据并不完善，无法精确评定矿冶固体废物资源化利用过程的经济效益、环境效益和社会效益的优劣。因此，迫切希望可以对矿冶固体废物资源化利用整个过程的资源、能源消耗和环境影响进行全面评估，为优化产业结构、制定科学的资源化政策、提高矿冶固体废物资源利用率提供理论依据。

生命周期评价（life cycle assessment，LCA）作为一种系统性的全过程环境管理方法，它能通过目标范围确定、清单分析、影响评价和结果解释四个步骤将产品生产整个过程产生的环境影响与资源、能源消耗和污染排放情况等清晰直观地展现出来。因此，本书运用 LCA 方法对江西省铜、钨、稀土等特色矿冶固体废物资源化利用过程的环境影响进行分析，为优化矿冶固废资源化方案提供理论依据。

1.1　矿冶固体废物的产生、分类及特点

1.1.1　矿冶固体废物的产生

固体废物（solid waste）是指在生产、生活和其他活动过程中产生的丧失原有利用价值或者虽未丧失利用价值但被抛弃或者放弃的固态、半固态和置于容器中的气态物品、物质，以及法律、行政法规规定纳入废物管理的物品、物质。根据其来源分类，可分为生活废物、工业固体废物和农业固体废物。

在我国，工业固体废物（industrial solid waste）是指在工业生产活动中产生的固体废物，按行业分类主要包括：矿业固体废物、冶金工业固体废物、能源工业固体废物、石油化学工业固体废物、轻工业固体废物、电子工业固体废物、其他工业固体废物等。

其中，矿业固体废物（mining solid waste）主要指开采和洗选矿石过程中产生的废石和尾矿。废石，即在开采矿石过程中剥离出的岩土物料，堆放废石地称为排土场。尾矿，即在选矿加工过程中排放的固体废物，其堆存场地称为尾矿库。矿业固体废物产生量十分惊人，例如，对于大型露天冶金矿山而言，每开采 $1m^3$ 的矿石，需要剥离 $8\sim10m^3$ 的废石。而煤矿露天开采的剥采比一般来说比金属矿山还要大，可见，露天开采所剥离出来的废石量相当惊人。除此之外，开采出来的矿石通常需要经过洗选以获得精矿，在这个过程中还会产生大量的尾矿。

冶金工业固体废物（metallurgical industry solid waste），主要指在各种金属冶炼过程中或冶炼后排出的所有残渣废物。如高炉矿渣、钢渣，各种有色金属渣，各种粉尘、污泥等。

1.1.2　矿冶固体废物的分类

矿冶固体废物包括矿业固体废物和冶金工业固体废物。其中矿业固体废物的组成相对固定，依其来源和产生环节的不同，分为两大类：

（1）采矿废石（包括煤矸石）。采矿废石为在开采矿石过程中剥离出的岩土物料。在矿山开采过程中，无论是露天开采剥离地表土层和覆盖岩层，还是地下开采开掘大量的井巷，必然产生大量废石。例如，在我国露天开采矿山中，有色金属矿山采剥比大多在 1∶2~1∶8，最高达 1∶14；黄金矿山的采剥比达 1∶10~1∶14。煤矿采掘和洗煤等过程中产生的煤矸石可达原煤产量的 70%。目前，我国矿山每年废石排放总量超过 6 亿吨，堆存总量高达数百亿吨，是名副其实的废石排放量第一大国。

（2）选矿尾矿。当前的技术经济条件下，选矿过程中有用目标组分含量最低的部分称为尾矿，多数金属或非金属矿石经选矿后才能被工业利用，选矿会排

出大量尾矿，据统计，我国仅金属矿山堆存的尾矿就达 50 余亿吨，并以每年 4 亿~5 亿吨的量递增。

冶金固体废物根据行业来源不同，可分为有色金属冶炼废物和钢铁工业固体废物两大类。其中有色金属冶炼废物按生产工艺又分两类：火法冶炼中形成的熔融炉渣和湿法冶炼中排出的残渣。按金属矿物的性质，可分为重金属渣（如铜渣、铅渣、锌渣、镍渣等）、轻金属渣（如提炼氧化铝产生的赤泥）和稀有金属渣等。钢铁工业固体废物主要来源于炼铁过程中产生的炉渣、炼钢产生的钢渣及生产合金时产生的铁合金炉渣、含铁尘泥等。

1.1.3 矿冶固体废物的特点

矿业固体废物都具有潜在的资源属性（技术经济都具有时空特征）和环境扰动属性（废石和尾矿堆存不仅占用土地，而且可能产生有机和无机污染物，并通过土壤、水体、空气和生物链传导），我国矿业废物种类多、产量大、伴生成分多，大多数废物可作为二次资源加以利用。总体上，矿业固体废物具有以下特点：

(1) 排放量大，组成复杂；

(2) 对生态环境具有破坏性和污染性；

(3) 处理处置方式多元化；

(4) 处理费用较高，见效相对较慢；

(5) 固体废物综合利用率低，资源浪费明显。

我国冶金工业固体废物同样存在排放量大、处理率低的特点，当我国冶金行业提供了约占世界一半冶金产品的同时，也排放了约占世界一半的冶金固废。其中，铜渣接近 2000 万吨、镍铁渣超过 3000 万吨、硅锰渣和铬铁渣分别超过和接近 1000 万吨，上述冶金固废达到千万吨乃至亿吨的大宗量级别，而目前有效利用率总体低于 30%。

冶金工业固体废物成分复杂，资源属性禀赋差。比如钢渣、赤泥、铜渣和部分铁合金渣存在有害组分、胶凝活性低、成分波动大等特性，很难实现在除水泥、混凝土或道路工程等传统行业领域以外的大量应用。

1.2 矿冶固体废物引发的生态环境问题

矿冶固体废物的危害，突出表现在对大气、水体、土壤造成污染及引起地质灾害等方面。

(1) 大气污染。暴露在空气中的尾矿颗粒较细，经过长时间的风化作用后成粉末状，遇风形成扬尘飘在空气中，直接影响空气能见度，成为大气污染的直接来源。有研究发现，在尾矿库正常运行期间，表面裸露的干尾矿会以扬尘形式对周边的大气环境造成污染。此外，部分尾矿中含有的选矿药剂也会对环境造成污染。另外，尾矿中残留的选矿药剂在酸性或碱性条件下会挥发出有毒有害物质，对周围大气环境产生影响。

（2）水体污染。矿冶固体废物中可能含有多种有毒有害物质，如铜、铅、锌、镉、汞、砷等重金属及选矿药剂，甚至含有放射性物质。在酸性或碱性污染物的作用下，这些有害物质会随着雨水淋溶释放出来形成渗滤液，并通过地表径流或地下渗流的形式污染地表水和地下水体，危害水生动植物的生存环境。有研究发现，冶选尾矿库周围水质的重金属超标较严重，对动植物的危害较大。而且尾矿库中的有害物质可能以渗滤液的形式对库区周边地下水产生影响。

（3）土壤污染。尾矿库建设期会砍伐地表植被，剥离地表土层，导致土壤贫瘠和水土流失；尾矿堆存占用大量土地，阻断生物与土壤之间的物质交换，尾矿中的有害物质经过雨水淋洗后以渗滤液的形式向土壤渗透并积累，导致土壤中重金属及酸碱有毒有害物质浓度超标，破坏土壤中的微生物种群，使土壤环境恶化。土壤中的重金属会通过生物富集作用进入人体，危害人类健康。研究发现中条山铜尾矿库周边地下水和土壤中的重金属离子含量均有不同程度的超标，并且土壤中的微生物群落也随着与尾矿库的距离变化而呈现出明显的敏感特征。通过对赣南某地钨尾矿周边的土壤重金属测定发现，土壤中的重金属浓度均超过当地背景值，且对土壤中的部分酶产生一定的影响。

（4）地质灾害。矿区堆存的大量尾矿，部分没有加固防护措施，一旦遇到长时间阴雨天气，地质结构软化，极易造成稳定性降低，从而导致尾矿库溃坝，发生滑坡和泥石流等地质灾害，危及当地生态环境安全。2008 年 9 月 8 日，我国山西襄汾新塔矿业尾矿库发生溃坝事故，事故导致下游 500m 左右的建筑楼房损毁，造成了巨大的人员伤亡和财产损失。2019 年 1 月 25 日，巴西东南部米纳斯吉拉斯州发生尾矿库溃坝事故，大量的矿浆损毁了下游约 40km^2 内的建筑物，直接导致 60 人遇难，至少 292 人失踪。

1.3　矿冶固体废物资源化意义

矿冶固体废物资源化具有以下意义：

（1）矿冶固体废物是一种潜在的"矿产资源"。矿产资源是人类赖以生存和发展的重要资源。目前我国工业生产所消耗的 95% 左右的能源物质和 80% 以上的原材料来源于矿产资源。作为不可再生资源，矿产资源贮存量越来越少，解决未来社会矿产资源需求与储量之间矛盾的重要途径是发现或找寻其替代物。而大量排放的矿冶固体废物是由天然矿物、人工矿物或二者的混合物组成，其中含有大量资源，因此矿冶固体废物是一种"处于错误时间错误地点的矿产资源"。

若将矿冶固体废物这种"矿产资源"资源化利用，既可有效减少固体废物的堆存量，在合理的利用方式中还可不断创造新的经济价值。

(2) 矿冶固体废物资源化是降低矿物资源对外依存度的重要方式。一方面，我国典型的基础产业消耗大量的矿产资源；另一方面，目前我国约 2/3 的战略性矿产资源需要进口。2020 年我国铁矿石进口量为 11.7 亿吨，对外依存度达 82.3%；铜、铅、锌消费量分别占世界的 40% 以上，其中铜资源的自给率仅 40% 左右。随着我国经济的快速发展，矿物资源对外依存度也快速上升。

我国矿产资源共/伴生金属资源储量丰富，但现有技术对多金属矿床中的共/伴生金属综合利用率较低，导致 70% 左右的共/伴生金属资源未得到合理有效利用。比如稀土矿石的开采回收率、采矿贫化率、选矿回收率等"三率"水平仅为世界平均水平的 75% 左右，离子型稀土矿开采回收率不到 50%，导致大量资源沉积在矿山废物中。

再者，难利用矿产资源是未来我国矿产资源的重要保障。目前我国至少有 60 亿吨铁矿、20 亿吨锰矿、500 万吨铜矿、200 万吨钼矿处于"呆滞"状态，这导致我国金属矿山累计贮存的废石、尾矿超过 60 亿吨，且以每年 3 亿吨以上的速度增长。

加强矿冶固体废物资源化利用，对有效解决我国经济快速发展中突出的资源环境问题，提高资源利用率和建设资源节约型、环境友好型社会的需求，实现我国新型工业化道路和社会经济可持续发展具有重大意义。

(3) 矿冶固体废物资源化是推进"无废城市"建设的关键。开展"无废城市"建设，是以习近平同志为核心的党中央坚持以人民为中心的发展思想，落实新发展理念，牢牢把握我国生态文明建设和生态环境保护工作形势，顺应人民群众对优美生态环境的期待，作出的重大决策部署。开展"无废城市"建设，是深入贯彻习近平生态文明思想的具体行动，将有力推动城市系统深化固体废物综合管理改革进程。

2022 年 6 月 27 日，全国"无废城市"建设工作推进会议召开。生态环境部部长黄润秋出席会议并讲话。"无废城市"建设，要落实固体废物的减量化、资源化、无害化的"三化"原则，推动实现"优先源头减量、充分资源化利用、全过程无害化"的"无废城市"建设目标。"十四五"时期，稳步推进"无废城市"建设要把握好四点工作要求。一是系统谋划，因地制宜编制高质量实施方案，制定好废物清单、任务清单、项目清单、责任清单。二是全面部署，按照《"十四五"时期"无废城市"建设工作方案》总体安排，扎实做好工业固体废物减量和有效处置、提升主要农业固体废物综合利用水平、促进生活源固体废物减量化资源化、加强建筑垃圾全过程管理、强化危险废物监管和利用处置能力等各方面工作。三是先行先试，加强制度、技术、市场、监管等方面改革创新，积极探索适应各地实际的固体废物治理模式。四是上下联动，推动形成国家和地方齐抓共管、共同推进的工作格局，协同推进"无废城市"建设工作取得实效。

《2020年全国大、中城市固体废物污染环境防治年报》显示，工业企业尾矿产生量为10.3亿吨，综合利用率为27.0%；冶炼废渣产生量为4.1亿吨，综合利用率为88.6%，表明矿冶固体废物综合利用还任重道远，提高矿冶固体废物综合利用率是推进"无废城市"建设的关键。

（4）矿冶固体废物资源化是生态文明建设的需要。我国历来高度重视资源综合利用工作，资源综合利用早已被放在生态文明建设的突出位置。随着十八届五中全会召开，增强生态文明建设被列入国家五年规划。

党的十八大把生态文明建设纳入中国特色社会主义事业"五位一体"总布局，开启了社会主义生态文明新时代。江西省按照"五位一体"的要求，积极探索经济发展与生态改善的共赢之道。在2016年，江西被纳入首批国家生态文明试验区，承担起探索绿色发展路径、完善生态文明制度体系、积累形成可在全国复制推广经验的重任。新中国成立至今，江西省生态文明建设历经了从无到有、由弱及强、从局部到整体、从人定胜天到和谐共生、从"山江湖工程"到"生态立省、绿色发展"，到最后美丽中国"江西样板"的建设，自然生态环境和经济社会发展之间的紧密联系和辩证关系在江西发展历程中展现得淋漓尽致。当前江西正处在快速发展、转型升级的关键期，资源环境约束成为发展的最大瓶颈，因而促进废物综合利用，发展循环经济显得尤为重要。"十四五"规划的主要目标是实现生态文明建设新进步，强调能源资源配置能够更合理、利用效率得以大幅提升，并且主要污染物总排放量持续降低，生态环境持续改善等。为发挥带头作用，江西省积极响应国家政策，大力推进省内固体废物无害化处理和综合利用，注重提升有色冶炼固废在内的大宗固废综合利用和资源化水平，以全面提高资源利用效率，从而推动全省经济的可持续发展。

资源化是采用管理和工艺措施等实现固体废物无害化、综合利用的最主要方法之一。由于矿冶固体废物中常含有多种金属元素，若长期堆放而不及时进行回收和综合利用，不仅污染环境，而且对于国家矿产资源来说也是极大浪费。鉴于矿产资源在人类生存和社会发展中的重要作用，加上社会发展对矿产资源需求的与日俱增，矿产资源不断减少甚至枯竭，资源供需矛盾必然加剧。因此，矿冶固体废物的资源化，能够在改善矿冶企业周边生态环境的同时，达到变废为宝的目的，缓解矿产资源供需紧张矛盾。

复习思考题

1-1　简述我国冶金行业固体废物的产生及特点。

1-2　矿冶固体废物容易引发哪些生态环境问题？

1-3　为什么说矿冶固体废物是一种"处于错误时间错误地点的矿产资源"？

1-4　矿冶固体废物资源化意义主要表现在哪些方面？

1-5　请就我国某一种矿产资源固体废物的处理现状，谈谈矿冶固体废物资源化与我国生态文明建设之间的联系。

2 矿冶固体废物资源化过程的环境影响评价

近年来，国内学者大多热衷于城市生活垃圾、电子产品废弃物和农业废弃物的资源化利用研究，对以矿山尾矿和冶炼废渣为主、对生态环境危害极大但有着极大经济价值的"二次矿山"的矿冶固体废物资源化利用的研究相对较少。矿冶固体废物资源化作为一个新兴的研究领域，有着广阔的发展前景。目前国内对矿冶固体废物资源化领域并没有完善的相关标准和法规，虽然有少量矿冶固体废物资源化的研究，但在矿冶固体废物资源化过程的环境影响方面，目前可供参考的数据资料少之又少。只有对矿冶固体废物资源化的整个过程进行系统、深入的研究，明确资源化过程各个阶段的资源、能源消耗和污染物排放量，才能通过优化产业结构和技术升级使整个矿冶固体废物资源化过程达到最优的环境效益、经济效益和社会效益。

2.1 矿冶固体废物资源化存在的环境影响

矿冶固体废物资源化无疑对于资源的有效利用、减少矿冶固体废物潜在的环境污染具有重要作用。目前矿冶固体废物资源化利用方向主要集中在原料再选、提取有价组分、生产建筑材料、采空区回填等方面，同时，矿冶固体废物资源化过程中也可能出现各种潜在的环境影响。

2.1.1 矿冶固体废物资源化过程的环境影响

矿冶固体废物资源化过程的环境影响具体包括以下几个方面：

（1）原料再选过程的环境污染。通常，矿冶固体废物的再选过程包括重选、浮选、电选和磁选等一个工序或多个工序的组合，以获得一些共/伴生资源，但矿冶固体废物的再选需要消耗大量水，浮选过程还需要消耗浮选药剂等资源，同时产生大量废水，其中可能含有重金属、有机物等有害物质。

（2）提取有价组分过程的环境污染。由于大量矿产资源均含有共/伴生资源，当其中某一资源提取后，其共/伴生资源以废渣的形式存在。常用的有价组分提取技术包括湿法冶金、火法冶金等过程，湿法冶金需要消耗化学药剂、水等资源，同时产生酸性、碱性废水，可能还含有重金属、有机物等有害组分；而火法冶金需要消耗能源资源，同时产生大量废气、粉尘、废渣等有害物质。

（3）生产建筑材料过程的环境污染。当矿产资源中目的产物提取后，其中常见的硅、钙、镁等组分留在矿冶固体废物中。无论是将其作为水泥熟料生产的原料，还是环保砖生产的原料，高温烧结过程都需要消耗能源资源，同时产生的废气中可能含有重金属、SO_2、NO_x 等污染物。

（4）采空区回填过程的环境污染。矿冶固体废物进行采空区回填作业，可能出现矿冶固体废物中的重金属对地下水的污染问题。

2.1.2　矿冶固体废物资源化的环境管理问题

随着我国矿冶固体废物污染的形势日趋严峻，生态环境部门越来越重视解决矿冶固体废物污染问题。但是，从环境管理角度仍然存在以下问题：

（1）缺乏对资源化过程中各种潜在环境影响的评估体系。矿冶固体废物资源化是在资源危机背景下催生的一项循环经济产业。但是与其他循环经济产业一样，矿冶固体废物资源化过程是否"绿色"、是否对环境造成新的威胁和破坏依然是人们关注的重心。矿冶固体废物资源化过程的环境影响是多方面的，包括影响的种类多样性、影响的范围差异性等，所以潜在环境影响评估需要综合考察多方面因素，传统评价方法难以满足需要。因此，需要建立一套完善的矿冶固体废物资源化技术的环境潜在影响评估技术体系。

（2）缺乏对资源化过程中重点控制点位的识别。矿冶固体废物资源化技术在环境影响方面的差异主要体现在不同工艺技术的个别环节之中。目前对矿冶固体废物资源化技术研究大多侧重于工艺参数与污染物排放关系的研究，对工艺周期中各环节或工序的横向比较较少，难以抓住重点，也难以有针对性地给出技术改进建议。因此，需要在矿冶固体废物资源化过程中环境影响关键控制点位的确定工作上加大研究力度。

2.2　生命周期评价的研究概况

生命周期评价（life cycle assessment，LCA）是通过相应评价指标来评估一种与产品、过程或活动相关环境影响因素的方法。它主要根据某一系统内相关物质能量投入与产出的存量记录及对由此造成的环境排放进行辨识和量化来评估对该系统造成的相关环境影响，目的在于评价与产品、过程或活动相关的整个生命周期内物质能量的利用及污染物排放对环境的影响，并寻求改善环境影响的方法。虽然不同研究机构对生命周期评价的表述各有侧重，但人们普遍接受的是国际标准组织在 ISO 14040: 2006 文件中对生命周期评价的定义："对一个产品系统的生命周期中输入、输出及其潜在环境影响的汇编和评价。"这一观点强调了产品系统物质能量的输入、输出和潜在环境影响，清楚地表达了生命周期评价的主要研究对象。

在欧洲标准学会发布的 ISO 14040: 2006 *Environmental Management—Life Cycle Assessment—Principles and Framework*（《环境管理：生命周期评价——原则与框架》）中对产品生产过程生命周期评价的框架做出了详细的描述，主要内容包括目标和范围设定、清单分析、影响评价和结果解释四个步骤，各个步骤相互联系、不断重复地贯穿产品生产的整个过程，生命周期评价框架如图 2-1 所示。

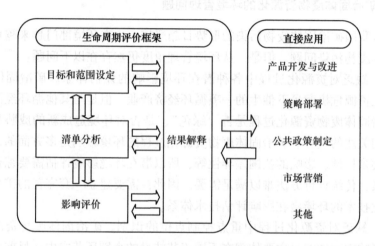

图 2-1   生命周期评价框架

2.2.1   目标和范围的确定

目标和范围的确定是 LCA 的基础，它直接明确了后续 LCA 分析的对象和边界。其中目标定义主要介绍 LCA 分析对象的产品信息、功能单位、基准流和数据代表性等，范围定义则主要描述 LCA 分析对象的系统边界、数据取舍原则、环境影响类型、数据质量要求及软件与数据库的选择。目标和范围的确定直接决定了 LCA 研究的深度和广度。鉴于 LCA 的重复性，有时在生命周期评价过程中还需要对最初设定的研究范围进行不断的调整和完善。

2.2.2   生命周期清单分析

生命周期清单分析是对所研究系统中输入和输出数据建立清单的过程。清单分析主要包括对满足研究目的的数据的收集和计算，以此来客观量化研究系统中物质和能源的投入量和污染物的排放量。首先是根据目标定义与范围确定阶段所确定的研究范围建立生命周期模型，做好数据收集准备；然后进行单元过程数据收集，并根据数据收集进行计算汇总得到产品生命周期的清单结果。

2.2.3 生命周期影响评价

LCA 的目的是根据生命周期清单分析的结果对研究系统中资源能源的输入及其潜在环境影响进行评价。根据生命周期系统量化分析产品生产全过程的资源环境影响结果，可将生命周期影响评价过程内容细化，如图 2-2 所示。

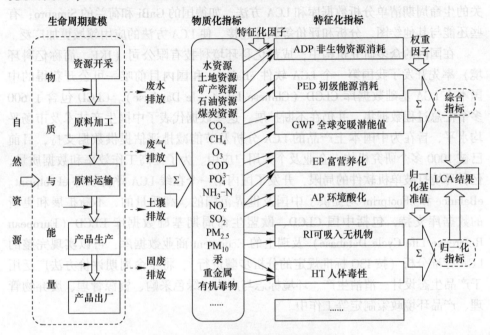

图 2-2　生命周期影响评价过程内容

ISO 14044: 2006 中提出 LCA 主要根据物质属性将清单分析阶段所得的数据进行分类合并，再结合特征化因子，将清单分析数据转化为相同单位的环境影响类型，提高不同影响类型数据的可比性。然后根据归一化基准值和加权因子，将不同的环境影响类型指标进行归一化和加权计算，最终得到产品生命周期系统的总体环境影响。

2.2.4 生命周期结果解释

生命周期结果解释就是对所采用的 LCA 方法进行归纳总结，包括模型假设和局限性说明、清单数据完整性说明、数据质量评估结果和相应的结论与建议。通过生命周期结果解释可以发现产品生命周期过程中存在的问题，并在此基础上，根据清单分析过程获得的数据及影响评价得到的结果，评估产品生产过程中物质能源消耗和环境污染较大的部分，并采取相应的改进措施，为达到生产更好的环境友好型产品提供理论依据和改进措施。

2.3 生命周期评价工具简介

生命周期评价的整个过程通常需要花费大量的时间收集和处理大量的数据，为了方便实际应用和技术推广，许多 LCA 软件被相继开发出来。有些整合了相关的生命周期清单分析数据库和 LCA 方法，如德国的 GaBi 和荷兰的 Simapro；有些还能与其他绘图、分析和评价等软件连接，使 LCA 方法的应用领域更加广泛。

在国内的众多研究机构中，成都亿科环境科技有限公司（IKE，简称亿科环境）率先开发了我国第一个 LCA 软件 eBalance 和国内目前唯一可公开获得的中国本土 LCA 基础数据库 CLCD（Chinese Life Cycle Database）。CLCD 包含了 600 多个汇总过程数据集，并仍在不断扩展，这些数据代表了中国生产技术及市场平均水平，旨在为中国本土产品的 LCA 分析及节能减排评估提供数据支持，目前已被 1000 多个研究机构、企业及个人用户应用。为了提高工作效率和数据质量，亿科环境打破单机软件的局限，开发了国内第一个在线 LCA 评价软件 eFootprint。eBalance 和 eFootprint 均提供了中国及世界范围的、高质量的、不断扩展和更新的数据库支持，包括中国 CLCD、欧盟生命周期基础数据库 ELCD（European Reference Life Cycle Database）及瑞士的 Ecoinvent 商业数据库，可以实现完整的 LCA 标准分析（按 ISO 标准规定的分析步骤进行），将生命周期评价方法广泛用于产品生态设计、清洁生产、环境标志与声明、绿色采购、资源管理、废弃物管理、产品环境政策制定等工作中。

复习思考题

2-1 矿冶固体废物资源化过程中可能带来哪些环境问题？

2-2 我国矿冶固体废物资源化过程中存在哪些环境管理问题？

2-3 生命周期评价的框架包括哪些部分？

2-4 目前国内外常用的生命周期评价工具有哪些？

2-5 生命周期影响结果解释能为我们提供哪些理论支撑？

3 铜尾矿资源化及其环境影响

铜是人类最早使用的金属之一。早在史前时代，人们就开始采掘露天铜矿，并用获取的铜制造武器、工具和其他器皿，铜的使用对早期人类文明的进步影响深远。纯铜是柔软的金属，延展性好、导热性和导电性好，可以组成众多种类合金。铜合金力学性能优异，电阻率很低。此外铜也是耐用的金属，可多次回收而无损其力学性能。铜金属因其上述良好的物理性能及相对稳定的化学特性，广泛应用于现代电气、机械制造等行业，在现代工业化中具有不可替代的作用。

铜尾矿是将铜矿石提取有价元素后产生的固体废物。在铜矿石中每提取 1t 铜，会产生约 400t 废石和尾矿。虽然国内铜矿石总储量巨大，但铜品位基本在 1% 以下，矿物成分复杂，共伴生元素多。加之大量铜尾矿中蕴藏着未提取的有价元素，随着铜尾矿的积聚，未提取的有价元素如同未开发的宝藏，如未能很好地利用，必将带来诸多环境问题：铜尾矿的露天风干堆积造成田地的重金属污染，大型的尾矿坝存在溃坝的风险等。

因此，对铜尾矿进行资源化利用不仅可以大量消纳铜尾矿，减少因铜尾矿的堆积对周边环境的不利影响，还可使其"变废为宝"，成为二次资源。目前铜尾矿综合利用包括回收其中的有价金属、用作玻璃和陶瓷原料、作为土壤肥料，以及在水泥、混凝土中的应用，但不同的综合利用技术其资源消耗不同，产生废水、废气、废渣等污染情况也有差异。本章运用 LCA 方法定量分析铜尾矿资源化全过程的资源消耗及污染物排放，剖析铜尾矿资源化过程的环境影响，为江西省乃至全国铜产业的可持续发展提供理论支持。

3.1　铜尾矿的来源和危害

3.1.1　铜尾矿的来源

铜尾矿又被称作铜尾砂，是天然铜矿石经粉碎、分选、精选等作业后产生的粉状或砂砾状固体废弃物。《中国固体废物处理行业分析报告》（2019 版）数据显示，我国铜尾矿年排放量已达 2.24 亿吨。其中，江西、湖北、湖南、安徽、河南、山西等 6 省每年新排放的铜尾矿占全国的 50% 以上。铜尾矿化学成分复杂，伴有硫、镉、砷等有害元素，限制了在多个领域的大掺量资源化利用。铜尾矿处理方式一般是排入尾矿库中堆存，随着铜尾矿排放量的不断增加，我国尾矿库数量也在不断增加，铜尾矿的堆存造成的生态环境危害不容忽视。

3.1.2 铜尾矿的危害

铜尾矿的危害如下：

（1）铜尾矿的大量堆存导致土地资源的极大浪费，以及企业运营成本的增加。尾矿库的建造通常需要占用大量的农田、林地等，并且尾矿库一旦溃泄或排泄不当等都将极大地破坏尾矿库附近的土地。尾矿库是一个投资巨大、结构复杂的综合构筑物，其基础建设投资及管理需耗费 4~8 元/t，其中基建投资费用占整个选矿厂的 5%~40%，且尾矿库的后期维护仍需大量资金。据不完全统计，我国铜尾矿累计堆存量已超过 37.5 亿吨，每年的维护费用高达百亿元，给企业带来沉重的经济负担。

（2）铜尾矿的堆存严重污染环境，且存在诸多安全隐患。铜尾矿中可能含有重金属离子（如镉），以及硫、砷等其他污染物质，在对矿石进行选别的过程中加入的各种化学药剂也会残留在尾矿中，这些有毒有害物质将随着尾矿废水流入河流或渗入地下，污染河流及地下水源，污染附近区域的生态环境，导致植被破坏及土地退化，甚至直接威胁到人类和动物的生存环境。

另外，大量的尾矿和尾矿库水使得尾矿库成为一座具有高势能的人为形成的物源区，具有溃坝的隐患，尾矿持续、大量堆积会使得尾矿库不堪重负，易引发滑坡、泥石流等地质灾害，将直接威胁尾矿库下游人民的生命财产安全及周边地区的生态环境。

3.2 铜尾矿资源化利用现状

3.2.1 原料再选

由于生产技术水平的限制，生产原料中部分物质未能被完全利用，使尾矿中含有大量的可用资源。随着科技的进步及生产技术水平不断提高，部分贮存的尾矿可以回归到生产中作为原材料继续使用。这样既节约了资源，又减少尾矿在环境系统中的贮存量。

Prince Sarfo 等人通过研究发现，铜尾矿中的金属离子且有再次提取利用的可能。高温（接近 1440℃）下的碳热还原有助于将大部分金属（如铁、铜和钼）富集到富铁合金产品中作为炼钢原料。另外，金属贫化的二次尾矿可用于玻璃和陶瓷工业生产。

3.2.2 土壤肥料

部分铜尾矿中含有较高的钙、磷、硅及其他微量元素等，这些是农田土壤所必需的营养物质。因此，可将部分铜尾矿作为肥料用于农田或者林地，不仅可以为植物提供所需的养分，而且还可以改善土壤环境质量。

赵文廷等人配制矿山尾矿种植混合土，并进行盆栽和地栽试验研究。结果显示，利用矿山尾矿种植混合土进行矿山废弃地复垦与生态修复，不仅可以大量消耗与处置矿山尾矿，而且能够快速地实现矿区生态恢复，改善矿区环境污染，具有较高的生态、社会和经济效益。

3.2.3 建筑材料

部分铜尾矿中含有大量硅酸盐、铝酸盐，可用于生产硅酸盐水泥熟料、混凝土和墙体保温材料，从而很大程度上降低铜尾矿的堆存量。

通过对江西省某地铜尾矿进行理化性质分析可知，该铜尾矿中石英和钾长石占据主要部分，其次分别是白云母、高岭石、蒙脱石等。另外铜尾矿含水率约10%，每1kg新鲜铜尾矿浆中废水含量为48.32%，尾矿含量为51.68%。假设湿铜尾矿干燥预处理阶段，水分蒸发，重金属离子不挥发，要得到1kg干铜尾矿需要消耗1.935kg湿铜尾矿。该铜尾矿化学成分分析结果、放射性分析结果及生产建筑材料成分限值要求见表3-1，粒径分布见表3-2，尾矿废水中重金属含量及国标限值见表3-3。

表3-1 江西省某地铜尾矿化学成分分析结果、放射性分析结果和生产建筑材料成分限值要求

（%）

物质	TiO_2	Na_2O	MgO	Al_2O_3	SiO_2	P_2O_5	SO_3	放射性/内照射指数
含量	0.388	0.213	0.747	12	72.8	0.324	1.68	0.1
限值	—	—	—	—	—	—	—	1.0
物质	MnO	Fe_2O_3	CaO	CuO	ZnO	K_2O	总和	放射性/外照射指数
含量	0.033	1.63	1.83	0.118	0.0471	6.68	98.5248	0.2
限值	0.1	—	—	1	1	—	—	1.0

注：生产建筑材料成分限值要求限值参考《固体废物生产水泥污染控制标准》编制说明（征求意见稿），放射性内/外照射指数限值参考《建筑材料放射性核素限量》（GB 6566—2010）。

根据表3-1可知，该铜尾矿 SiO_2 含量高达72.8%，属于高含硅铜尾矿，能够满足建筑材料中硅含量的要求；该铜尾矿中重金属离子含量均低于尾矿生产建筑材料重金属离子限值要求；铜尾矿放射性指数均低于建筑材料放射性核素限量要求。因此，可将该铜尾矿作为建筑材料生产原料中硅质原料的替代物质。

表3-2 江西省某地铜尾矿粒径分布

粒径/μm	0~1	1~2	2~5	5~10	10~20	20~45	45~75	75~100	100~200	200~300
比例/%	2.75	3.43	8.57	11.28	16	22.14	16.04	8.78	10.75	0.26

　　根据表 3-2 可知，该铜尾矿粒径范围主要在 $10 \sim 75 \mu m$，尾矿粒度偏细，且具有较大的比表面积。因此，将该铜尾矿用于建筑材料的生产，不仅可以降低粉磨工序的资源消耗量，同时较大的比表面积可以将铜尾矿与其他原材料充分混合，提高胶结效率。

表 3-3　江西省某地铜尾矿废水重金属含量及国标限值要求　　　（mg/L）

物质	As	Cd	Cr	Cu	Mn	Ni	Pb	Sr	Zn
成分含量	0.0374	0.0446	0.0453	0.0037	0.0758	0.0477	0.0489	0.8636	0.0821
国标限值	0.3	0.05	0.5	0.5	1	0.5	0.5	8	1

　　注：国标限值参考《无机化学工业污染物排放标准》（GB 31573—2015）表 1 要求。

　　根据表 3-3 可知，该铜尾矿废水中重金属离子种类较多，但重金属含量均满足国标限值要求。这些重金属离子会随着铜尾矿中的水分在周围水体和土壤中聚集，最终危害生态环境和人体健康。因此，为了固定尾矿中的重金属，降低其对周围环境的危害，可以将铜尾矿资源化利用于生产建筑材料。

3.3　铜尾矿复合硅酸盐水泥熟料生产过程 LCA

　　在铜尾矿复合硅酸盐水泥熟料生产过程中，原料的上料、配料和混料等工序会产生大量的粉尘颗粒，经除尘设备处理后仍会有部分颗粒物以无组织形式排放。铜尾矿硅酸盐水泥熟料的烧制需要锅炉和燃料，燃料燃烧产生的烟尘、SO_2 和 NO_2 等物质会对周围的大气环境产生影响，甚至危害人体健康。因此，本节评价了铜尾矿复合硅酸盐水泥熟料生产过程中环境影响的正负效应和资源能源消耗量的大小，确定了该过程对各生态环境指标的贡献值，并将其与普通硅酸盐水泥熟料生产过程的环境影响进行对比。

3.3.1　铜尾矿生产硅酸盐水泥熟料的可行性分析

　　普通硅酸盐水泥熟料的生产是以石灰石、铁粉、黏土和煤粉等为主要原料，铜尾矿的化学成分与黏土类似，都是以 SiO_2 为主要成分，因此可以将铜尾矿代替黏土用于水泥熟料的生产，其他原料种类保持不变。

　　通常水泥熟料生产采用新型干法工艺，所用生产原料除铜尾矿外均为市场普遍易得产品：铜尾矿/黏土为粉末状固体，作为熟料中所需的硅质原料；石灰石为块状生石灰，消化时间 8min，消化温度 75℃，按粒径要求粉磨后用于提高水泥强度；铁粉为市售建筑材料适用铁粉，用于降低熟料煅烧温度；煤粉由硬煤粉磨后得到，含碳量高于 90%，挥发物小于 10%，热值为 25150kJ/kg，主要为熟料煅烧提供热量。水泥熟料生产原料具体成分分析见表 3-4。

表 3-4 水泥熟料生产原料成分分析 　　（%）

类别	SiO₂	Al₂O₃	CaO	MgO	Fe₂O₃	烧失量	总和
铜尾矿	72.8	12	1.83	0.747	1.63	—	89.01
黏土	73.83	15.96	0.96	0.65	0.58	5.04	97.02
石灰石	2.29	0.43	58.32	0.9	0.38	36.65	99.03
铁粉	34.42	11.53	3.53	0.09	48.27	—	97.84
煤粉	56.3	29.46	4.24	2.1	4.9	—	97

水泥熟料生产工艺流程如图 3-1 所示。

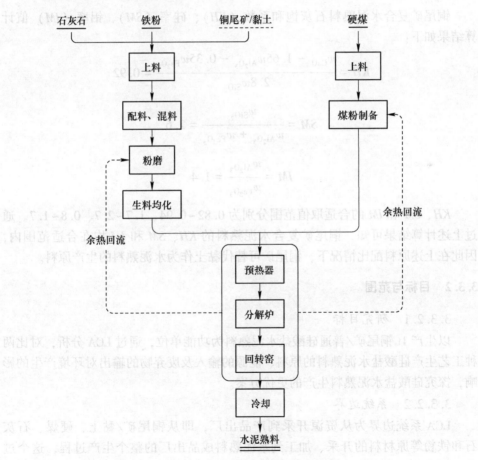

图 3-1 水泥熟料生产工艺流程

铜尾矿复合水泥熟料化学成分及生产原料配比情况见表 3-5。

表 3-5　铜尾矿复合水泥熟料化学成分及原料配比　　　　　　（%）

类别	原料配比	烧失量	SiO_2	Al_2O_3	CaO	Fe_2O_3
石灰石	80.71	29.58	1.85	0.65	47.01	0.37
铜尾矿	15.72	1.88	11.45	1.89	0.01	0.26
铁粉	3.57	0	1.23	0.47	0.12	1.78
生料	100	31.46	14.53	3.1	47.14	2.41
烧结生料	100	0	21.60	4.55	68.91	3.81
剩余生料	97.26	0	21.56	4.46	66.03	3.73
煤粉	2.74	0	1.54	0.73	0.32	0.13
水泥熟料	100	0	20.02	3.75	65.71	3.61

铜尾矿复合水泥熟料石灰饱和系数（KH）、硅率（SM）、铝率（IM）值计算结果如下：

$$KH = \frac{w_{CaO} - 1.65w_{Al_2O_3} - 0.35w_{Fe_2O_3}}{2.8w_{SiO_2}} = 0.92$$

$$SM = \frac{w_{SiO_2}}{w_{Al_2O_3} + w_{Fe_2O_3}} = 2.6$$

$$IM = \frac{w_{Al_2O_3}}{w_{Fe_2O_3}} = 1.4$$

KH、SM 和 IM 的合适取值范围分别为 0.82~0.94、1.7~2.7、0.8~1.7。通过上述计算结果可知，铜尾矿复合水泥熟料的 KH、SM 和 IM 均在合适范围内，因此在上述原料配比情况下，铜尾矿可替代黏土作为水泥熟料的生产原料。

3.3.2　目标与范围

3.3.2.1　研究目标

以生产 1t 铜尾矿/普通硅酸盐水泥熟料为功能单位，通过 LCA 分析，对比两种工艺生产硅酸盐水泥熟料的原料、能源的输入及废弃物的输出对环境产生的影响，探究硅酸盐水泥熟料生产的更优方案。

3.3.2.2　系统边界

LCA 系统边界为从资源开采到产品出厂，即从铜尾矿/黏土、硬煤、石灰石和铁粉等原材料的开采、加工到水泥熟料成品出厂的整个生产过程，这个过程主要分为生料制备和熟料煅烧两个阶段。生料制备阶段涉及的原材料清单数据均由背景数据库提供。除了各主要原材料投入以外，系统范围还包含电力和自来水等能源的输入和环境污染物的输出，以及铜尾矿/黏土的厂内货车运输过程，其他原材料的运输由外厂承担，不在系统范围内。水泥熟料生命周期评价范围如图 3-2 所示。

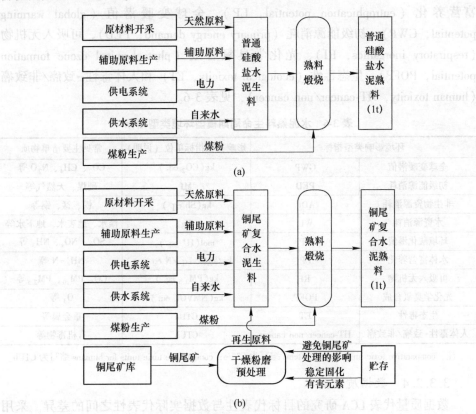

(a)

(b)

图 3-2 水泥熟料生命周期评价范围
（a）普通硅酸盐水泥熟料；（b）铜尾矿复合水泥熟料

数据取舍原则采用 ISO 140 系列国际标准中建议的 cut-off 原则，即以生产过程中各项原辅材料投入与产品质量的比为数据取舍依据。具体取舍原则如下：

（1）当各项普通原料投入质量小于过程原料投入总质量的 1%，以及原料中含有高纯度物质的质量小于过程原料投入总质量的 0.1% 时，可忽略该物料的上游生产数据，总共忽略的普通物料质量不超过原料投入总质量的 5%。如果是系统环境排放数据，则可以先计算其对相关 LCA 结果的贡献值，然后决定该数据是否忽略。

（2）其他生产过程产生的低价值废料（如尾矿等）作原料，可忽略其上游生产数据。

3.3.2.3 环境影响类型

根据水泥熟料生产过程资源消耗和污染排放特点，选择 10 种环境影响类型指标进行计算，分别为：非生物资源消耗（abiotic depletion potential，ADP）、水资源消耗（water use，WU）、环境酸化潜值（acidification potential，AP）、水体富营养化（eutrophication potential，EP）、全球变暖潜值（global warming potential，GWP）、初级能源消耗（primary energy demand，PED）、可吸入无机物（respiratory inorganics，RI）、光化学臭氧合成（photochemical ozone formation potential，POFP）、生态毒性（ecological toxicity，ET）和人体毒性-致癌/非致癌（human toxicity，HT-cancer/non cancer），见表3-6。

表3-6　水泥熟料生命周期模型环境类型指标

环境影响类型指标		影响类型指标单位（说明）	常见主要清单物质
全球变暖潜值	GWP	kg(CO_2 eq.)	CO_2、CH_4、N_2O 等
初级能源消耗	PED	MJ	硬煤、天然气等
非生物资源消耗	ADP	kg(Sb eq.)	铁、锰、铜等
水资源消耗	WU	kg	淡水、地表水、地下水等
环境酸化潜值	AP	mol(H^+ eq.)	SO_2、NO_x、NH_3 等
水体富营养化	EP	kg/kg(P eq. /N eq.)	NH_4^+-N 等
可吸入无机物	RI	kg($PM_{2.5}$ eq.)	CO、PM_{10}、$PM_{2.5}$ 等
光化学臭氧合成	POFP	kg(NMVOC eq.)	O_3 等
生态毒性	ET	CTUe	重金属等
人体毒性-致癌/非致癌	HT-cancer/non cancer	CTUh	有机毒物等

注：comparative toxic units for ecosystems 缩写为 CTUe；comparative toxic units for humans 缩写为 CTUh。

3.3.2.4　数据质量要求

数据质量代表LCA研究的目标代表性与数据实际代表性之间的差异。采用CLCD质量评估方法对水泥熟料生命周期模型中物资消耗和污染物排放进行评估，评估内容主要从清单数据来源、时间代表性、地理代表性和技术代表性等四个方面进行，同时结合关联背景数据库，评估其与上游背景过程匹配的不确定度，而后采用解析公式法计算不确定度传递与累积，得到LCA结果的不确定度。

3.3.2.5　软件与数据库

采用eFootprint软件，结合CLCD方法建立了水泥熟料生命周期模型，并计算得到LCA结果。水泥熟料生命周期模型使用的背景数据来源见表3-7。

表3-7　水泥熟料生命周期模型的背景数据来源

所属过程	清单名称	数据集名称	数据库名称
普通硅酸盐水泥生料	黏土	黏土	CLCD-China-ECER 0. 8. 1
	铁粉	国产铁精矿	CLCD-China-ECER 0. 8. 1
	石灰石	石灰石	CLCD-China-ECER 0. 8. 1
	电力	全国平均电网电力	CLCD-China-ECER 0. 8. 1

所属过程	清单名称	数据集名称	数据库名称
普通硅酸盐水泥熟料	煤粉	硬煤	CLCD-China-ECER 0.8.1
	自来水	自来水	CLCD-China-ECER 0.8.1
	电力	全国平均电网电力	CLCD-China-ECER 0.8.1
铜尾矿复合水泥生料	铁粉	国产铁精矿	CLCD-China-ECER 0.8.1
	电力	全国平均电网电力	CLCD-China-ECER 0.8.1
	石灰石	石灰石	CLCD-China-ECER 0.8.1
	铜尾矿	低价值废料	可忽略
铜尾矿复合水泥熟料	自来水	自来水	CLCD-China-ECER 0.8.1
	煤粉	硬煤	CLCD-China-ECER 0.8.1
	电力	全国平均电网电力	CLCD-China-ECER 0.8.1

3.3.3 生命周期清单分析

3.3.3.1 过程基本信息

(1) 过程名称：水泥熟料。

(2) 过程边界：从原材料开采到水泥熟料出厂。

3.3.3.2 数据代表性

(1) 主要数据来源：代表企业及供应链实际生产数据。

(2) 企业名称：来自中国企业实际数据和环评报告。

(3) 基准年：2019 年。

(4) 工艺类型：新型干法水泥熟料生产工艺。

(5) 主要原料：铜尾矿/黏土、石灰石、煤粉和铁粉。

(6) 主要能耗：电力、水和煤炭。

(7) 生产规模：≥4000t/d。

(8) 末端治理：袋式除尘器，效率85%。

普通硅酸盐水泥熟料和铜尾矿复合水泥熟料生命周期模型分别见表 3-8 和表 3-9。

表 3-8 普通硅酸盐水泥熟料生命周期模型过程清单数据

产品	类型	清单名称	数量	单位	上游数据来源
普通硅酸盐水泥生料（1t）	消耗	黏土	142.7	kg	CLCD-China-ECER 0.8.1
		铁粉	32.5	kg	CLCD-China-ECER 0.8.1
		石灰石	824.8	kg	CLCD-China-ECER 0.8.1
		电力	22	kW·h	CLCD-China-ECER 0.8.1
	排放	废气（排放到大气）	857	m³	—
		总颗粒物（排放到大气）	0.06	kg	—

续表3-8

产品	类型	清单名称	数量	单位	上游数据来源
普通硅酸盐水泥熟料（1t）	消耗	煤粉	137.4	kg	CLCD-China-ECER 0.8.1
		自来水	0.3	t	CLCD-China-ECER 0.8.1
		普通硅酸盐水泥生料	1.41	t	实景过程数据
		电力	28.85	kW·h	CLCD-China-ECER 0.8.1
	排放	汞（排放到大气）	0.06	g	—
		总颗粒物（排放到大气）	0.39	kg	—
		氮氧化物（排放到大气）	1.58	kg	—
		化学需氧量（排放到水体）	0.06	g	—
		废水（排放到水体）	0.002	t	—
		氟（排放到大气）	2.55	g	—
		废气（排放到大气）	$3.96×10^3$	m^3	—
		二氧化硫（排放到大气）	0.39	kg	—
		二氧化碳（化石源）（排放到大气）	748.1	kg	—
		氨气（排放到大气）	39.64	g	—

表3-9　铜尾矿复合水泥熟料生命周期模型过程清单数据

产品	类型	清单名称	数量	单位	上游数据来源
铜尾矿复合生料（1t）	消耗	铁粉	30.7	kg	CLCD-China-ECER 0.8.1
		电力	18	kW·h	CLCD-China-ECER 0.8.1
		铜尾矿	162.2	kg	忽略
		石灰石	807.1	kg	CLCD-China-ECER 0.8.1
	排放	废气（排放到大气）	814.2	m^3	—
		总颗粒物（排放到大气）	0.04	kg	—
铜尾矿复合熟料（1t）	消耗	铜尾矿复合水泥生料	1.42	t	实景过程数据
		自来水	0.3	t	CLCD-China-ECER 0.8.1
		煤粉	123.6	kg	CLCD-China-ECER 0.8.1
		电力	27.61	kW·h	CLCD-China-ECER 0.8.1
	排放	汞（排放到大气）	0.06	g	—
		氨气（排放到大气）	39.64	g	—
		总颗粒物（排放到大气）	0.33	kg	—
		氟（排放到大气）	2.55	g	—
		化学需氧量（排放到水体）	0.06	g	—
		二氧化碳（化石源）（排放到大气）	724.2	kg	—

产品	类型	清单名称	数量	单位	上游数据来源
铜尾矿复合熟料（1t）	排放	氮氧化物（排放到大气）	1.56	kg	—
		废气（排放到大气）	$3.93×10^3$	m³	—
		废水（排放到水体）	0.002	t	—
		二氧化硫（排放到大气）	0.35	kg	—

3.3.3.3　运输信息

铜尾矿和黏土的运输距离为地图测量得到，见表3-10。为保证运输过程对环境的影响数据有对比性，因此两者运输数据保持一致。

表3-10　水泥熟料生产过程运输信息

物料名称	净重/kg	起点	终点	运输距离/km	运输类型
黏土	142.7	黏土市场	熟料厂	15	货车运输（10t）-柴油
铜尾矿	162.2	铜尾矿库	熟料厂	30	货车运输（10t）-柴油

注：运输数据的上游数据来源均来自CLCD数据库。

3.3.4　生命周期影响分析

3.3.4.1　生命周期评价结果

以162.2kg干铜尾矿为功能单位，数据采用2019年江西省某地铜尾矿环境影响现场实际检测数据。系统边界为从铜尾矿进入尾矿库到尾矿废水进入废水池。根据铜尾矿对环境的影响特点，选择两种环境影响类型指标进行计算，分别为生态毒性（ecological toxicity，ET）和人体毒性-致癌/非致癌（human toxicity，HT-cancer/non cancer），见表3-11。铜尾矿环境影响生命周期过程清单数据见表3-12。

表3-11　铜尾矿环境影响生命周期模型环境类型指标

环境影响类型指标		影响类型指标单位	主要清单物质
生态毒性	ET	CTUe	重金属等
人体毒性-致癌/非致癌	HT-cancer/non cancer	CTUh	重金属等

表 3-12   铜尾矿环境影响生命周期过程清单数据

类型	清单名称	数量	单位
物质	铜尾矿	162.2	kg
排放	锶（排放到水体）	103.81	mg
	镉（排放到水体）	30.82	mg
	废水（排放到水体）	120.01	kg
	铬（排放到水体）	5.45	mg
	锌（排放到水体）	9.73	mg
	铅（排放到水体）	6.49	mg
	镍（排放到水体）	6.48	mg
	铜（排放到水体）	0.49	mg
	汞（排放到水体）	0.05	mg
	砷（排放到水体）	4.89	mg
	化学需氧量（排放到水体）	14.61	g
	锰（排放到水体）	9.73	mg

结合 CLCD 数据库，在 eFootprint 上建立铜尾矿环境影响模型计算得到铜尾矿环境影响的 LCA 结果，计算指标分为 HT-cancer 、HT-non cancer 和 ET。数据计算结果见表 3-13。

表 3-13   铜尾矿环境影响生命周期评价结果

环境影响类型指标	影响类型指标单位	LCA 结果
HT-cancer	CTUh	1.01×10^{-8}
HT-non cancer	CTUh	1.4×10^{-8}
ET	CTUe	1.15×10^{-1}

由表 3-13 可知，若 162.2kg 铜尾矿排放到环境中，不仅占用大量的土地，而且会产生较大的生态毒性，其次是 HT-cancer，影响最小的是 HT-non cancer。其主要原因是该铜尾矿中含有的重金属离子首先污染周围水体和土壤，对生态环境造成破坏，然后经过生物富集作用进入人体，对人体健康产生危害。

结合 CLCD 数据库，在 eFootprint 上建立模型计算得到两种工艺下水泥熟料的 LCA 计算结果，计算指标分为 GWP 、PED 、ADP 、WU 、AP 、EP 、RI 、POFP 、HT-cancer/non cancer 和 ET。数据计算结果见表 3-14 和表 3-15。

表 3-14 普通硅酸盐水泥熟料 LCA 结果

类型	单位（说明）	熟料煅烧	石灰生产	黏土生产	原料运输	铁粉制备	电力过程	煤粉制备	自来水	合计
PED	MJ	0	8.0×10	6.1	5.2	5.5×10	7.5×10^2	3.6×10^3	7.5×10^{-1}	4.5×10^3
ADP	kg (Sb eq.)	0	1.7×10^{-5}	2.2×10^{-6}	1.8×10^{-6}	7.6×10^{-5}	3.3×10^{-5}	1.5×10^{-4}	5.4×10^{-8}	2.8×10^{-4}
WU	kg	0	2.0×10	8.0×10^{-1}	6.7×10^{-1}	4.7×10^2	1.9×10^2	6.0×10	3.1×10^2	1.0×10^3
GWP	kg (CO_2 eq.)	7.5×10^2	6.3	5.2×10^{-1}	5.4×10^{-1}	4.3	5.6×10	2.9×10	5.7×10^{-2}	8.5×10^2
AP	kg (SO_2 eq.)	1.5	1.3×10^{-1}	9.0×10^{-3}	1.0×10^{-2}	6.0×10^{-2}	3.0×10^{-1}	9.0×10^{-2}	3.0×10^{-4}	2.1
RI	kg ($PM_{2.5}$ eq.)	2.9×10^{-1}	3.5×10^{-2}	2.0×10^{-3}	2.1×10^{-3}	1.7×10^{-2}	8.7×10^{-2}	1.7×10^{-2}	9.2×10^{-5}	4.5×10^{-1}
POFP	kg (NMVOC eq.)	3.1×10^{-2}	9.8×10^{-2}	9.5×10^{-4}	3.3×10^{-3}	2.4×10^{-2}	2.1×10^{-2}	2.5×10^{-2}	2.3×10^{-5}	2.0×10^{-1}
EP	kg (PO_4^{3-} eq.)	2.2×10^{-1}	2.2×10^{-2}	1.5×10^{-3}	2.0×10^{-2}	9.0×10^{-3}	1.9×10^{-1}	1.0×10^{-2}	3.1×10^{-5}	2.8×10^{-1}
ET	CTUe	7.3×10^{-1}	5.3×10^{-1}	1.4×10^{-1}	1.5×10^{-2}	1.7×10^{-1}	1.1×10^{-1}	4.3×10^{-1}	2.0×10^{-4}	2.0
HT-cancer/non cancer	CTUh	5.0×10^{-5}	1.5×10^{-7}	2.9×10^{-9}	1.5×10^{-9}	3.1×10^{-8}	2.6×10^{-8}	1.2×10^{-7}	5.0×10^{-11}	5.1×10^{-5}

表 3-15 铜尾矿复合水泥熟料 LCA 结果

类型	单位	熟料煅烧	石灰生产	铜尾矿	原料运输	铁粉制备	电力过程	煤粉制备	自来水	合计
PED	MJ	0	7.9×10	0	6.0	5.2×10	6.6×10^2	3.2×10^3	7.5×10^{-1}	4.0×10^3
ADP	kg (Sb eq.)	0	1.6×10^{-5}	0	2.1×10^{-6}	7.2×10^{-5}	2.9×10^{-5}	1.4×10^{-4}	5.4×10^{-8}	2.6×10^{-4}
WU	kg	0	1.9×10	0	7.7×10^{-1}	4.5×10^2	1.7×10^2	5.4×10	3.16×10^2	9.9×10^2
GWP	kg (CO_2 eq.)	7.2×10^2	6.2	0	6.2×10^{-1}	4.1	5.0×10	2.6×10	5.7×10^{-2}	8.1×10^2
AP	kg (SO_2 eq.)	1.4	1.3×10^{-1}	0	2.0×10^{-2}	5.7×10^{-2}	2.6×10^{-1}	8.1×10^{-2}	3.0×10^{-4}	2.0
RI	kg ($PM_{2.5}$ eq.)	2.8×10^{-1}	3.4×10^{-2}	0	2.4×10^{-3}	1.6×10^{-2}	7.7×10^{-2}	1.5×10^{-2}	9.2×10^{-5}	4.2×10^{-1}
POFP	kg (NMVOC eq.)	2.8×10^{-2}	9.6×10^{-2}	0	3.8×10^{-3}	2.3×10^{-2}	1.9×10^{-2}	2.3×10^{-2}	2.3×10^{-5}	1.9×10^{-1}
EP	kg (PO_4^{3-} eq.)	2.2×10^{-1}	2.1×10^{-2}	0	2.2×10^{-3}	9.0×10^{-3}	1.7×10^{-1}	9.0×10^{-3}	3.1×10^{-5}	2.7×10^{-1}
ET	CTUe	7.3×10^{-1}	5.2×10^{-1}	-1.2×10^{-1}	1.7×10^{-2}	1.6×10^{-1}	9.7×10^{-2}	3.9×10^{-1}	2.0×10^{-4}	1.9
HT-cancer/non cancer	CTUh	5.1×10^{-5}	1.0×10^{-7}	-2.4×10^{-8}	2.8×10^{-9}	3.0×10^{-8}	2.3×10^{-8}	1.1×10^{-7}	5.0×10^{-11}	5.1×10^{-5}

　　由表3-14和表3-15可知，两种水泥熟料生产工艺造成的主要环境影响类型为 PED、WU 和 GWP，其次是 AP、ET 和 RI，ADP 和 HT-cancer/non cancer 的影响值最小。与普通硅酸盐水泥熟料生产相比，铜尾矿复合水泥熟料生产过程中各环境影响类型值均有不同程度的降低，其中 PED 降幅高达 10.25%。其主要原因是一方面铜尾矿替代黏土降低了非生物资源的消耗量，另一方面铜尾矿颗粒较细、矿物成分较多，降低了粉磨工序电力资源的消耗和煅烧工序燃料的消耗量。

　　铜尾矿复合水泥熟料生产工艺造成的主要环境影响类型为 PED>WU>GWP：煤粉制备过程对 PED 值贡献最大，占总 PED 的 80.04%；铁粉制备和自来水过程对 WU 值贡献较大，分别占总 WU 的 45.05% 和 30.77%；熟料煅烧阶段对 GWP 值贡献最大，占总 GWP 的 89.31%。以上这几个过程是节能减排控制的重点环节。因此，为达到节能减排的目标，一方面可以通过提高熟料煅烧阶段的热利用效率来缩短煅烧时间，减少燃料的消耗量和 CO_2 的排放量；另一方面可以选择生态环境影响较小的绿色生产物料代替原材料，减少资源的开采量；此外还可以通过提高生产用水的循环利用率，降低生产过程中电能的消耗量，实现水泥熟料的清洁生产。

　　由表3-14和表3-15可知，黏土的开采与使用对 ET 造成了较大的影响，对 HT-cancer/non cancer 的影响值较小；铜尾矿替代黏土用于水泥熟料的生产不仅避免了铜尾矿堆存可能产生的生态毒性、人体毒性及占用土地的影响，同时与普通水泥熟料生产过程相比，生态毒性和人体毒性值均有不同程度的削减，其中生态毒性总值削减了 5.7%。

3.3.4.2　清单数据灵敏度分析

　　清单数据灵敏度是指清单数据单位变化率引起的相应指标变化率。通过分析清单数据对各指标的灵敏度，并配合改进潜力评估，从而辨识最有效的改进点。主要针对水泥熟料生产环境影响类型指标中的 PED、WU 和 GWP 的清单数据灵敏度进行分析，普通硅酸盐水泥熟料和铜尾矿复合水泥熟料 LCA 清单数据灵敏度结果分别如图 3-3 和图 3-4 所示。

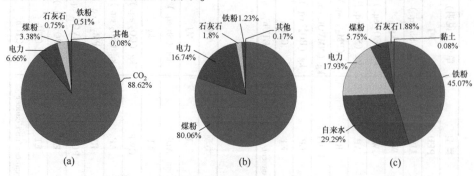

图 3-3　普通硅酸盐水泥熟料 LCA 清单数据灵敏度
（a）GWP；（b）PED；（c）WU

由图 3-3 可知，普通硅酸盐水泥熟料生产过程中对 GWP 清单数据灵敏度影响最大的是熟料煅烧过程排放的 CO_2，高达 88.62%；对 PED 清单数据灵敏度影响最大的是煤粉制备过程，高达 80.06%，其次是电力过程，清单数据灵敏度为 16.74%；对 WU 清单数据灵敏度影响最大的是铁粉制备过程，高达 45.07%，其次是自来水和电力过程，清单数据灵敏度分别为 29.29% 和 17.93%。

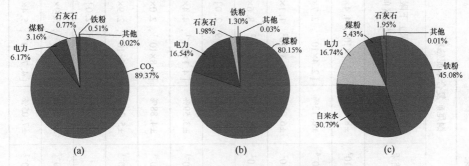

图 3-4 铜尾矿复合水泥熟料 LCA 清单数据灵敏度
(a) GWP；(b) PED；(c) WU

由图 3-4 可知，铜尾矿复合硅酸盐水泥熟料生产过程中对 GWP 清单数据灵敏度影响最大的是熟料煅烧过程排放的 CO_2，高达 89.37%；对 PED 清单数据灵敏度影响最大的是煤粉制备过程，高达 80.15%，其次是电力过程，清单数据灵敏度为 16.54%；对 WU 清单数据灵敏度影响最大的是铁粉制备过程，高达 45.08%，其次是自来水和电力过程，清单数据灵敏度分别为 30.79% 和 16.74%。

3.3.5 生命周期影响解释

3.3.5.1 数据完整性说明

水泥熟料生产过程生命周期模型中上游生产数据完整，无须补充。数据缺失或忽略的物料汇总见表 3-16。

表 3-16 数据缺失或忽略的物料汇总

消耗名称	所属过程	上游数据来源	数量/kg	质量分数/%	检查结果
铜尾矿	铜尾矿复合水泥生料	可忽略	162.2	16.22	来自上游低价值废料，可忽略

注：1. 质量分数=物料质量×数量/产品质量；
　　2. 总忽略物料质量分数=数据缺失的质量分数+符合取舍规则的质量分数。

3.3.5.2 数据质量评估结果

采用 CLCD 数据质量评估方法，在 eFootprint 系统上完成对水泥熟料生命周期模型清单数据的不确定度评估。研究类型为企业 LCA，代表江西省某绿色建材企业及供应链水平（采用实际生产数据），得到的水泥熟料生产过程生命周期模型数据质量评估结果见表 3-17。

表 3-17　水泥熟料 LCA 数据质量评估结果

指标名称	缩写（说明）/单位	普通硅酸盐水泥熟料			铜尾矿复合水泥熟料			铜尾矿
		LCA 结果	结果不确定度	结果上下限（95%置信区间）	LCA 结果	结果不确定度	结果上下限（95%置信区间）	LCA 结果
初级能源消耗	PED/MJ	4.5×10^3	±8.95%	$[4.0 \times 10^3, 4.9 \times 10^3]$	4.01×10^3	±8.96%	$[3.7 \times 10^3, 4.4 \times 10^3]$	—
非生物资源消耗	ADP(Sb eq.)/kg	2.8×10^{-4}	±6.14%	$[2.6 \times 10^{-4}, 3.0 \times 10^{-4}]$	2.6×10^{-4}	±6.13%	$[2.4 \times 10^{-4}, 2.7 \times 10^{-4}]$	—
水资源消耗	WU/kg	1.0×10^3	±6.16%	$[9.8 \times 10^2, 1.1 \times 10^3]$	9.9×10^2	±6.23%	$[9.3 \times 10^2, 1.1 \times 10^3]$	—
气候变化	GWP(CO_2 eq.)/kg	8.5×10^2	±6.29%	$[7.9 \times 10^2, 9.0 \times 10^2]$	8.1×10^2	±6.34%	$[7.6 \times 10^2, 8.6 \times 10^2]$	—
环境酸化	AP(SO_2 eq.)/kg	2.1	±4.10%	$[2.0, 2.2]$	2.0	±4.20%	$[1.9, 2.0]$	—
可吸入无机物	RI($PM_{2.5}$ eq.)/kg	4.5×10^{-1}	±3.44%	$[4.5 \times 10^{-1}, 4.8 \times 10^{-1}]$	4.2×10^{-1}	±3.59%	$[4.1 \times 10^{-1}, 4.4 \times 10^{-1}]$	—
光化学臭氧合成	POFP(NMVOC eq.)/kg	2.0×10^{-1}	±4.72%	$[1.9 \times 10^{-1}, 2.1 \times 10^{-1}]$	1.9×10^{-1}	±4.88%	$[1.8 \times 10^{-1}, 2.0 \times 10^{-1}]$	—
富营养化值	EP(PO_4^{3-} eq.)/kg	2.8×10^{-1}	±5.27%	$[2.7 \times 10^{-1}, 3.0 \times 10^{-1}]$	2.7×10^{-1}	±5.34%	$[2.6 \times 10^{-1}, 2.9 \times 10^{-1}]$	—
生态毒性	ET/CTUe	2.0	±3.59%	$[1.9, 2.1]$	1.9	±3.66%	$[1.8, 2.0]$	1.15×10^{-1}
人体毒性-致癌	HT-cancer/CTUh	5.9×10^{-7}	±5.50%	$[5.4 \times 10^{-7}, 6.0 \times 10^{-7}]$	5.6×10^{-7}	±5.57%	$[5.3 \times 10^{-7}, 5.9 \times 10^{-7}]$	1.01×10^{-8}
人体毒性-非致癌	HT-non cancer/CTUh	5.0×10^{-5}	±7.05%	$[4.7 \times 10^{-5}, 5.4 \times 10^{-5}]$	5.0×10^{-5}	±7.05%	$[4.7 \times 10^{-5}, 5.4 \times 10^{-5}]$	1.40×10^{-8}

3.3.6 改进分析

与普通硅酸盐水泥熟料生产工艺对比，铜尾矿复合硅酸盐水泥熟料生产工艺的环境影响大幅降低。

铜尾矿复合硅酸盐水泥熟料生产环节对 GWP 影响最大的是熟料煅烧过程排放的 CO_2，因此可以考虑用碳排放强度低的原料代替石灰质原料，包括电石渣、高炉矿渣、粉煤灰、钢渣等，这些经高温煅烧的废渣中钙质组分以 CaO、$Ca(OH)_2$ 的形式存在，在水泥熟料煅烧过程不会释放 CO_2。

3.4 铜尾矿蒸压加气混凝土生产过程 LCA

在铜尾矿蒸压加气混凝土生产过程中，原料的上料、配料和混料等工序会产生大量的粉尘颗粒，经除尘设备处理后仍会有部分颗粒物以无组织形式排放。铜尾矿蒸压加气混凝土的蒸压养护工序需要锅炉和燃料，燃料燃烧产生的烟尘、SO_2 和 NO_2 等物质会对周围的大气环境产生影响。因此，本节评价了铜尾矿蒸压加气混凝土生产过程中环境影响的正负效应和资源能源消耗量的大小，确定了该过程对各生态环境指标的贡献值，并将其与传统蒸压加气混凝土生产过程的环境影响进行对比。

3.4.1 铜尾矿用于生产蒸压加气混凝土的可行性分析

传统蒸压加气混凝土的生产是以石灰石、砂、水泥和铝粉等为主要原料，铜尾矿的化学成分与砂和水泥类似，都是以 SiO_2 为主要成分，因此在蒸压加气混凝土的生产过程中可以考虑将不同粒径范围的铜尾矿部分代替砂和水泥，其他原料种类保持不变。

蒸压加气混凝土所采用的生产原料除铜尾矿外均为市场普遍易得产品：(1) 铜尾矿为粉末状固体，粒径范围主要为 $10\sim75\mu m$，粒度较小的部分可以代替水泥，粒度较大的部分可以代替砂，铜尾矿主要提供蒸压加气混凝土中所需的硅质原料与钙质原料进行反应生成水化产物，提高蒸压加气混凝土的强度。(2) 石灰为粉末状，消化时间 8min，消化温度 75℃，按粒径要求粉磨后备用，主要提供有效 CaO 与铜尾矿中的 SiO_2 和 Al_2O_3 作用生成水化硅酸钙和水化铝酸钙，不仅可以增加蒸压加气混凝土的强度，还提供碱度促使铝粉反应发气，同时石灰水化时放出的热量还促使了坯体硬化。(3) 砂为市售建筑材料生产用砂，按粒径要求粉磨后备用，主要提供硅质原料。(4) 水泥为江西某水泥公司生产的 $P\cdot O42.5$ 级水泥，颗粒细度 $400m^2/kg$，主要提供钙质材料，水泥不仅可以提高混凝土的强度，还能加速坯体硬化和切割时坯体的塑性强度。(5) 铝粉为蒸压加气混凝土专用铝粉，主要作为发气剂。（6）石膏为蒸压加气混凝土专用石膏，可以用来抑制早期水泥水化和石灰消化，并参与铝粉放气反应，提高坯体和制品强度，减少收缩率，提高抗冻性。

铜尾矿蒸压加气混凝土生产原料中钙、硅含量见表3-18。

表3-18   铜尾矿蒸压加气混凝土生产原料中钙、硅含量（％）

类别	铜尾矿	石灰石	砂	水泥	石膏
Ca	1.83	58.32	0.12	68.93	33.8
Si	72.8	2.29	89.11	22.84	3.5

蒸压加气混凝土生产工艺流程图如图3-5所示。

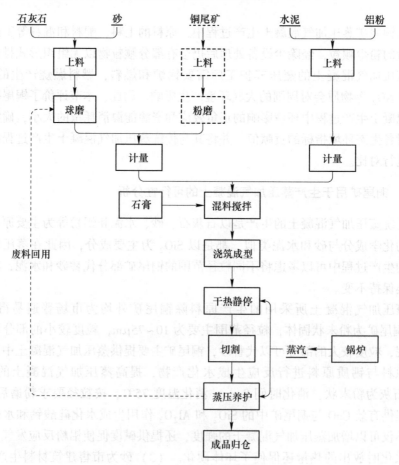

图3-5   蒸压加气混凝土生产工艺流程图

将铜尾矿替代原料中35%的砂和10%的水泥，各原料配比情况见表3-19。

表 3-19 不同工艺蒸压加气混凝土各原料配比情况 （%）

类别	铜尾矿	石灰石	砂	水泥	石膏	铝粉	其他	钙硅比
传统配比	0	25	45	25	≤3	6.8×10^{-4}	2	0.6~0.7
复合配比	45	25	10	15	≤3	6.8×10^{-4}	2	0.54~0.64

铜尾矿蒸压加气混凝土生产原料中钙硅比（Ca/Si）为 0.56，在合适的范围内。因此在上述原料配比情况下，该铜尾矿可替代生产原料中 35% 的砂和 10% 的水泥作为铜尾矿蒸压加气混凝土的生产原料。

3.4.2 目标与范围

3.4.2.1 研究目标

以生产 $1m^3$ 铜尾矿/传统蒸压加气混凝土为功能单位，通过 LCA 分析，对比两种工艺生产硅酸盐水泥熟料的原料、能源的输入及废弃物的输出对环境产生的影响，探究蒸压加气混凝土生产的更优方案。

3.4.2.2 系统边界

LCA 系统边界为从资源开采到产品出厂，即从铜尾矿/砂、石灰石和铝粉等原材料的开采、加工到蒸压加气混凝土成品出厂的整个生产过程，这个过程主要分为蒸压加气混凝土浆料制备、蒸压加气混凝土坯体制备和蒸压加气混凝土制成三个阶段。蒸压加气混凝土浆料制备阶段涉及的各原材料的清单数据均由背景数据库提供。除各主要原材料投入以外，系统范围还包含电力、天然气和蒸汽等能源的输入和环境污染物的输出，以及铜尾矿/砂的厂内货车运输过程，其他原材料的运输由外厂承担，不在系统范围内。蒸压加气混凝土生命周期评价范围如图 3-6 所示。

3.4.2.3 软件与数据库

采用亿科 eFootprint 软件系统，结合 CLCD 质量评估方法建立了蒸压加气混凝土生命周期模型，并计算得到 LCA 结果。蒸压加气混凝土生命周期模型使用的背景数据来源见表 3-20。

3.4.3 生命周期清单分析

3.4.3.1 过程基本信息

（1）过程名称：蒸压加气混凝土。

（2）过程边界：从原材料开采到蒸压加气混凝土出厂。

3.4.3.2 数据代表性

（1）主要数据来源：代表企业实际生产数据。

（2）企业名称：来自企业环评报告、可行性研究报告和企业实际数据。

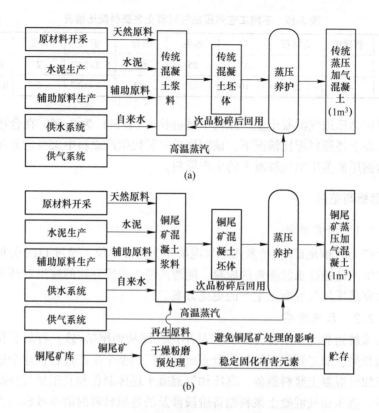

图 3-6　蒸压加气混凝土生命周期评价范围
（a）传统蒸压加气混凝土；（b）铜尾矿蒸压加气混凝土

表 3-20　蒸压加气混凝土生命周期模型的背景数据来源

所属过程	清单名称	数据集名称	数据库名称
传统蒸压加气 混凝土坯体	电力	全国平均电网电力	CLCD-China-ECER 0.8.1
	铝粉	氧化铝	CLCD-China-ECER 0.8.1
传统蒸压加气 混凝土	蒸汽	蒸汽	CLCD-China-ECER 0.8.1
	天然气	天然气（运输后）	CLCD-China-ECER 0.8.1
	电力	全国平均电网电力	CLCD-China-ECER 0.8.1
传统蒸压加气 混凝土浆料	电力	全国平均电网电力	CLCD-China-ECER 0.8.1
	砂	砂	CLCD-China-ECER 0.8.1
	水泥	水泥	CLCD-China-ECER 0.8.1
	石灰石	石灰石	CLCD-China-ECER 0.8.1
	石膏	天然石膏	CLCD-China-ECER 0.8.1
	自来水	自来水	CLCD-China-ECER 0.8.1

续表 3-20

所属过程	清单名称	数据集名称	数据库名称
铜尾矿蒸压加气混凝土坯体	铝粉	氧化铝	CLCD-China-ECER 0.8.1
	电力	全国平均电网电力	CLCD-China-ECER 0.8.1
铜尾矿蒸压加气混凝土	电力	全国平均电网电力	CLCD-China-ECER 0.8.1
	天然气	天然气（运输后）	CLCD-China-ECER 0.8.1
	蒸汽	蒸汽	CLCD-China-ECER 0.8.1
铜尾矿蒸压加气混凝土浆料	铜尾矿	低价值废料	可忽略
	石灰石	石灰石	CLCD-China-ECER 0.8.1
	水泥	水泥	CLCD-China-ECER 0.8.1
	石膏	天然石膏	CLCD-China-ECER 0.8.1
	砂	砂	CLCD-China-ECER 0.8.1
	电力	全国平均电网电力	CLCD-China-ECER 0.8.1
	自来水	自来水	CLCD-China-ECER 0.8.1

（3）产地：中国。

（4）基准年：2019年。

（5）工艺类型：混料浇筑发泡蒸压加气混凝土生产工艺。

（6）主要原料：铜尾矿、砂、石灰石、水泥和铝粉等。

（7）主要能耗：电力、蒸汽、天然气和自来水。

（8）生产规模：年产90万立方米加气混凝土。

（9）末端治理：袋式除尘器，除尘效率85%。

传统蒸压加气混凝土和铜尾矿蒸气加气混凝土过程清单数据表分别见表3-21和表3-22。

表 3-21　传统蒸压加气混凝土过程清单数据

产品	类型	清单名称	数量	单位	上游数据来源
传统蒸压加气混凝土浆料（832.5kg）	消耗	电力	12	kW·h	CLCD-China-ECER 0.8.1
		砂	224.8	kg	CLCD-China-ECER 0.8.1
		水泥	124.9	kg	CLCD-China-ECER 0.8.1
		石灰石	125.2	kg	CLCD-China-ECER 0.8.1
		石膏	14.8	kg	CLCD-China-ECER 0.8.1
		自来水	342.74	kg	CLCD-China-ECER 0.8.1
	排放	废气（排放到大气）	92.5	m^3	—
		总颗粒物（排放到大气）	5.38	g	—

产品	类型	清单名称	数量	单位	上游数据来源
传统蒸压加气混凝土坯体（506.8kg）	消耗	混凝土浆料	832.5	kg	实景过程数据
		电力	2.3	kW·h	CLCD-China-ECER 0.8.1
		铝粉	0.34	kg	CLCD-China-ECER 0.8.1
	排放	废气（排放到大气）	175	m³	—
		总颗粒物（排放到大气）	10	g	—
传统蒸压加气混凝土（1m³）	消耗	蒸汽	210	kg	CLCD-China-ECER 0.8.1
		天然气	7.5	m³	CLCD-China-ECER 0.8.1
		蒸压加气混凝土坯体	506.8	kg	实景过程数据
		电力	1.2	kW·h	CLCD-China-ECER 0.8.1
	排放	总颗粒物（排放到大气）	168.8	mg	
		二氧化硫（排放到大气）	750	mg	
		氮氧化物（排放到大气）	450	mg	
		废气（排放到大气）	78.8	m³	
		一氧化碳（排放到大气）	195	mg	
		废水（排放到水体）	1.75	kg	

表 3-22　铜尾矿蒸压加气混凝土过程清单数据表

产品	类型	清单名称	数量	单位	上游数据来源
铜尾矿蒸压加气混凝土浆料（783.92kg）	消耗	石灰石	125.2	kg	CLCD-China-ECER 0.8.1
		水泥	75.2	kg	CLCD-China-ECER 0.8.1
		铜尾矿	225.3	kg	忽略
		石膏	14.8	kg	CLCD-China-ECER 0.8.1
		砂	49.6	kg	CLCD-China-ECER 0.8.1
		电力	12	kW·h	CLCD-China-ECER 0.8.1
		自来水	293.8	kg	CLCD-China-ECER 0.8.1
	排放	总颗粒物（排放到大气）	3.23	g	—
		废气（排放到大气）	55.5	m³	—
铜尾矿蒸压加气混凝土坯体（505.1kg）	消耗	铝粉	0.3	kg	CLCD-China-ECER 0.8.1
		混凝土浆料	783.9	kg	实景过程数据
		电力	2.3	kW·h	CLCD-China-ECER 0.8.1
	排放	总颗粒物（排放到大气）	6	g	—
		废气（排放到大气）	105	m³	—

产品	类型	清单名称	数量	单位	上游数据来源
铜尾矿蒸压加气混凝土(1m³)	消耗	电力	1.2	kW·h	CLCD-China-ECER 0.8.1
		铜尾矿蒸压加气混凝土坯体	505.1	kg	实景过程数据
		天然气	7.5	m³	CLCD-China-ECER 0.8.1
		蒸汽	210	kg	CLCD-China-ECER 0.8.1
	排放	二氧化硫（排放到大气）	750	mg	—
		废气（排放到大气）	78.75	m³	—
		废水（排放到水体）	1.75	kg	—
		氮氧化物（排放到大气）	450	mg	—
		一氧化碳（排放到大气）	195	mg	—
		总颗粒物（排放到大气）	168.8	mg	—

3.4.3.3 运输信息

蒸压加气混凝土生产过程运输信息表见表3-23，其中铜尾矿和砂的运输距离为地图测量得到。为保证运输过程对环境的影响数据有对比性，因此两者运输数据保持一致。

表3-23　蒸压加气混凝土生产过程运输信息表

物料名称	净重/kg	起点	终点	运输距离/km	运输类型
砂	274.4	砂市场	加气混凝土厂	15	货车运输（10t）-柴油
铜尾矿	225.3	铜尾矿库	加气混凝土厂	30	货车运输（10t）-柴油

注：运输数据上游数据来源均来自CLCD数据库。

3.4.4 生命周期影响分析

3.4.4.1 生命周期评价结果

以225.3kg干铜尾矿为功能单位，数据采用2019年江西省某地铜尾矿环境影响现场实际检测数据。系统边界为从铜尾矿进入尾矿库到尾矿废水进入废水池。根据铜尾矿对环境的影响特点，选择两种环境影响类型指标进行计算，分别为生态毒性（ET）和人体毒性-致癌/非致癌（HT-cancer/non cancer），见表3-24。铜尾矿环境影响生命周期过程清单数据表见表3-25。

表3-24　铜尾矿环境影响生命周期模型环境类型指标

环境影响类型指标		影响类型指标单位	主要清单物质
生态毒性	ET	CTUe	重金属等
人体毒性-致癌/非致癌	HT-cancer/non cancer	CTUh	重金属等

表 3-25   铜尾矿环境影响生命周期过程清单数据

类型	清单名称	数量	单位
物质	（铜尾矿）	225.3	kg
排放	锶（排放到水体）	144.28	mg
	镉（排放到水体）	42.54	mg
	废水（排放到水体）	167.06	kg
	铬（排放到水体）	7.57	mg
	锌（排放到水体）	13.72	mg
	铅（排放到水体）	8.18	mg
	镍（排放到水体）	7.97	mg
	铜（排放到水体）	0.62	mg
	汞（排放到水体）	0.07	mg
	砷（排放到水体）	6.25	mg
	化学需氧量（排放到水体）	19.42	g
	锰（排放到水体）	12.67	mg

结合 CLCD 数据库，在 eFootprint 上建立铜尾矿环境影响模型计算得到铜尾矿环境影响的 LCA 结果，计算指标分为 HT-cancer 、HT-non cancer 和 ET，结果见表 3-26。

表 3-26   铜尾矿环境影响生命周期评价结果

环境影响类型指标	影响类型指标单位	LCA 结果
HT-cancer	CTUh	1.4×10^{-8}
HT-non cancer	CTUh	1.9×10^{-8}
ET	CTUe	1.6×10^{-1}

由表 3-26 可知，若 225.3kg 的该铜尾矿排放到环境中，不仅会占用大量的土地，而且会产生较大的生态毒性（ET），其次是人体毒性-致癌（HT-cancer），影响最小的是人体毒性-非致癌（HT-non cancer）。主要原因是该铜尾矿中含有的重金属离子首先污染周围水体和土壤，对生态环境造成破坏，然后经过生物富集作用进入人体，对人体健康产生危害。

结合 CLCD 数据库，在 eFootprint 上建立模型计算得到两种工艺下蒸压加气混凝土的 LCA 计算结果，计算指标分为 GWP 、PED 、ADP 、WU 、AP 、EP 、RI 、POFP 、HT-cancer 、HT-non cancer 和 ET。数据计算结果见表 3-27 和表 3-28。

表 3-27 传统蒸压加气混凝土 LCA 结果

类型	单位（说明）	石灰生产	砂生产	水泥生产	石膏生产	自来水	原料运输	铝粉制备	电力过程	蒸汽制备	天然气	合计
PED	MJ	8.7	8.4	5.1×10^2	5.9	8.6×10^{-1}	5.8	1.0×10	1.9×10^2	8.7×10^2	1.2×10^2	1.7×10^3
ADP	kg (Sb eq.)	1.8×10^{-6}	4.0×10^{-7}	2.5×10^{-5}	1.1×10^{-6}	6.1×10^{-8}	2.1×10^{-6}	7.9×10^{-6}	8.5×10^{-6}	3.8×10^{-5}	3.0×10^{-5}	1.1×10^{-4}
WU	kg	2.1	1.3×10	9.7×10	1.3	3.5×10^2	7.5×10^{-1}	5.5	4.8×10	2.6×10^2	4.4	7.8×10^2
GWP	kg (CO_2 eq.)	6.8×10^{-1}	6.3×10^{-1}	8.8×10	4.7×10^{-1}	6.5×10^{-2}	6.0×10^{-1}	1.0	1.5×10	7.7×10	2.1	1.9×10^2
AP	kg (SO_2 eq.)	1.4×10^{-2}	3.3×10^{-3}	1.9×10^{-1}	6.2×10^{-3}	3.4×10^{-4}	1.2×10^{-2}	5.0×10^{-3}	7.6×10^{-2}	2.5×10^{-1}	6.0×10^{-3}	5.6×10^{-1}
RI	kg ($PM_{2.5}$ eq.)	3.7×10^{-3}	9.7×10^{-4}	6.3×10^{-2}	1.4×10^{-3}	1.1×10^{-4}	2.3×10^{-3}	2.0×10^{-3}	2.2×10^{-2}	2.9×10^{-1}	2.0×10^{-3}	3.8×10^{-1}
POFP	kg (NVOC eq.)	1.1×10^{-2}	2.5×10^{-4}	1.8×10^{-2}	2.5×10^{-3}	2.6×10^{-5}	3.7×10^{-3}	6.5×10^{-4}	5.6×10^{-3}	1.7×10^{-2}	7.0×10^{-3}	2.3×10^{-1}
EP	kg (PO_4^{3-} eq.)	2.3×10^{-3}	2.2×10^{-4}	2.6×10^{-2}	9.5×10^{-4}	3.5×10^{-5}	2.2×10^{-3}	4.6×10^{-4}	5.0×10^{-3}	1.7×10^{-2}	4.7×10^{-4}	5.4×10^{-2}
ET	CTUe	5.7×10^{-2}	1.6×10^{-3}	9.8×10^{-2}	1.7×10^{-2}	2.3×10^{-4}	1.6×10^{-2}	6.9×10^{-3}	2.8×10^{-2}	2.2×10^{-2}	2.9×10^{-2}	2.8×10^{-1}
HT-cancer/non cancer	CTUh	1.1×10^{-8}	4.3×10^{-10}	2.1×10^{-8}	3.1×10^{-9}	5.7×10^{-11}	2.7×10^{-9}	1.6×10^{-9}	6.8×10^{-9}	4.1×10^{-9}	5.3×10^{-9}	5.6×10^{-8}

表 3-28 铜尾矿蒸压加气混凝土 LCA 结果

类型	单位（说明）	石灰生产	砂生产	水泥生产	石膏生产	自来水	原料运输	铝粉制备	电力过程	蒸汽制备	天然气	铜尾矿	合计
PED	MJ	8.7	1.9	3.1×10^2	5.9	7.4×10^{-1}	5.8	1.0×10	1.9×10^2	8.7×10^2	1.2×10^2	0	1.5×10^3
ADP	kg (Sb eq.)	1.8×10^{-6}	8.8×10^{-8}	1.5×10^{-5}	1.1×10^{-6}	5.3×10^{-8}	2.1×10^{-6}	7.9×10^{-6}	8.5×10^{-6}	3.8×10^{-5}	3.0×10^{-5}	0	1.0×10^{-4}
WU	kg	2.1	2.8	5.8×10	1.3	3.0×10^2	7.6×10^{-1}	5.5	4.8×10	2.6×10^2	4.4	0	6.9×10^2
GWP	kg (CO_2 eq.)	6.8×10^{-1}	1.4×10^{-1}	5.3×10	4.7×10^{-1}	5.6×10^{-2}	6.0×10^{-1}	1.0	1.5×10	7.7×10	2.1	0	1.5×10^2
AP	kg (SO_2 eq.)	1.4×10^{-2}	7.3×10^{-4}	1.1×10^{-1}	6.3×10^{-3}	2.9×10^{-4}	2.4×10^{-2}	5.0×10^{-3}	7.6×10^{-2}	2.5×10^{-1}	6.0×10^{-3}	0	4.8×10^{-1}
RI	kg ($PM_{2.5}$ eq.)	5.7×10^{-3}	2.1×10^{-4}	3.8×10^{-2}	1.4×10^{-3}	9.0×10^{-5}	2.3×10^{-3}	2.0×10^{-3}	2.3×10^{-2}	2.9×10^{-1}	2.0×10^{-3}	0	3.6×10^{-1}
POFP	kg (NVOC eq.)	1.1×10^{-2}	5.4×10^{-5}	1.1×10^{-2}	2.5×10^{-3}	2.2×10^{-5}	3.7×10^{-3}	6.5×10^{-4}	5.6×10^{-3}	1.7×10^{-2}	7.0×10^{-3}	0	1.6×10^{-1}
EP	kg (PO_4^{3-} eq.)	2.3×10^{-3}	4.8×10^{-5}	1.5×10^{-2}	9.5×10^{-4}	3.0×10^{-5}	2.2×10^{-3}	4.6×10^{-4}	5.1×10^{-3}	1.7×10^{-2}	4.7×10^{-4}	0	4.4×10^{-2}
ET	CTUe	5.7×10^{-2}	3.5×10^{-4}	5.9×10^{-2}	1.7×10^{-2}	2.0×10^{-4}	1.6×10^{-2}	6.9×10^{-3}	2.8×10^{-2}	2.2×10^{-2}	2.9×10^{-2}	-1.6×10^{-1}	2.4×10^{-1}
HT-cancer/non cancer	CTUh	1.1×10^{-8}	9.0×10^{-11}	1.3×10^{-8}	3.1×10^{-9}	4.8×10^{-11}	2.7×10^{-9}	1.6×10^{-9}	6.8×10^{-9}	4.2×10^{-9}	5.3×10^{-9}	-3.3×10^{-9}	4.7×10^{-8}

由表3-27和表3-28可知，两种蒸压加气混凝土生产工艺造成的主要环境影响类型为初级能源消耗（PED）、水资源消耗（WU）和全球变暖潜能值（GWP），其次是环境酸化（AP）、可吸入无机物（RI）、生态毒性（ET）和光化学臭氧合成（POFP），非生物资源消耗（ADP）和人体毒性（HT-cancer/non cancer）影响值最小。与传统蒸压加气混凝土生产相比，铜尾矿蒸压加气混凝土生产过程中各环境影响类型值均有不同程度的降低，主要原因是一方面铜尾矿替代了原生产工艺的部分砂和水泥，降低了非生物资源的消耗量和水泥的用量；另一方面铜尾矿颗粒较细且有较大的比表面积，降低了粉磨工序电力资源的消耗和蒸汽使用量。环境影响类型中GWP降幅最高，为19.51%，主要原因是砂和水泥的上游生产过程会产生大量的 CO_2，铜尾矿替代了大量的砂和水泥，间接地降低了 CO_2 的排放量。

铜尾矿蒸压加气混凝土生产工艺造成的主要环境影响类型为 PED > WU > GWP：蒸压养护过程消耗了大量的水蒸气和天然气，对资源环境的影响最大，是节能减排控制的重要环节，主要环境影响类型为 PED、GWP 和 WU，分别占各环境影响类型总值的 57.31%、51.37% 和 38.30%。因此，为达到节能减排的目标，首先可以通过提高蒸汽制备过程中燃料的利用效率，降低天然气的使用量和 CO_2 的排放量；其次可以将清净下水代替自来水作为蒸汽的来源，并采用回流的方式将蒸汽循环利用，降低水资源的消耗量；最后可以采用生态环境影响较小的绿色生产物料代替水泥和砂等物料，减少水泥生产过程中资源的消耗和污染物的排放量。

由表3-27和表3-28可知，传统蒸压加气混凝土生产工艺产生的环境影响值大于铜尾矿蒸压加气混凝土生产工艺，砂和水泥的消耗对生态毒性（ET）造成了较大的影响，对人体毒性（HT-cancer）的影响值较小。但在同一环境影响指标下，水泥的消耗产生的环境影响较大，砂次之。铜尾矿替代35%的砂和10%的水泥用于蒸压加气混凝土的生产避免了铜尾矿堆存可能产生的生态毒性、人体毒性及占用土地的影响，同时与传统蒸压加气混凝土生产过程相比，生态毒性和人体毒性值均有不同程度的削减，其中生态毒性值削减了54.5%，人体毒性值削减了5.6%。

3.4.4.2　清单数据灵敏度分析

清单数据灵敏度是指清单数据单位变化率引起的相应指标变化率。通过分析清单数据对各指标的灵敏度，并配合改进潜力评估，从而辨识最有效的改进点。主要针对蒸压加气混凝土生产环境影响类型指标中的初级能源消耗（PED）、水资源消耗（WU）和全球变暖潜能值（GWP）的清单数据灵敏度进行分析，传统蒸压加气混凝土和铜尾矿蒸压加气混凝土 LCA 清单数据灵敏度结果分别如图 3-7 和图 3-8 所示。

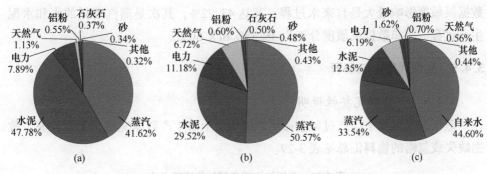

图 3-7　传统蒸压加气混凝土 LCA 清单数据灵敏度

(a) GWP；(b) PED；(c) WU

由图 3-7 可知，传统蒸压加气混凝土生产过程中对全球变暖潜能值（GWP）清单数据灵敏度影响最大是水泥生产过程，高达 47.78%，其次是蒸汽制备过程燃料燃烧排放的 CO_2，清单数据灵敏度为 41.62%；对初级能源消耗（PED）清单数据灵敏度影响最大是蒸汽制备过程中燃料的消耗，高达 50.57%，其次是水泥生产过程，清单数据灵敏度为 29.52%；对水资源消耗（WU）清单数据灵敏度影响最大是自来水过程，高达 44.60%，其次是蒸汽消耗的水和水泥生产过程，清单数据灵敏度分别为 33.54% 和 12.35%。

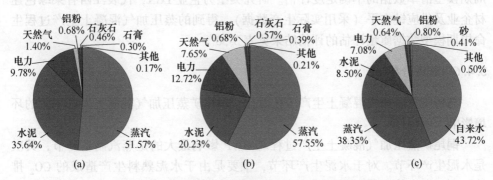

图 3-8　铜尾矿蒸压加气混凝土 LCA 清单数据灵敏度

(a) GWP；(b) PED；(c) WU

由图 3-8 可知，铜尾矿蒸压加气混凝土生产过程中对全球变暖潜能值

（GWP）清单数据灵敏度影响最大是蒸汽制备过程中燃料燃烧排放的 CO_2 过程，高达 51.57%，其次是水泥生产，清单数据灵敏度为 35.64%；对初级能源消耗（PED）清单数据灵敏度影响最大是蒸汽制备过程中燃料的消耗，高达 57.55%，其次是水泥生产过程，清单数据灵敏度为 20.23%；对水资源消耗（WU）清单数据灵敏度影响最大是自来水过程，高达 43.72%，其次是蒸汽消耗的水和水泥生产过程，清单数据灵敏度分别为 38.35% 和 8.50%。

3.4.5　生命周期影响解释

3.4.5.1　数据完整性说明

蒸压加气混凝土生产过程生命周期模型中上游生产数据完整，无须补充。数据缺失或忽略的物料汇总见表 3-29。

表 3-29　数据缺失或忽略的物料汇总表

消耗名称	所属过程	上游数据来源	数量/kg	质量分数/%	检查结果
铜尾矿	混凝土浆料	可忽略	225.3	29.84	来自上游低值废料，可忽略

注：1. 质量分数=物料质量×数量/产品质量；
　　2. 总忽略物料质量分数=数据缺失的质量分数+符合取舍规则的质量分数。

3.4.5.2　数据质量评估结果

采用 CLCD 质量评估方法，在 eFootprint 系统上完成对蒸压加气混凝土生命周期模型清单数据的不确定度评估。研究类型为企业 LCA，代表江西省某绿色建材企业及供应链水平（采用实际生产数据），得到的蒸压加气混凝土生产过程生命周期模型数据质量评估的评估结果见表 3-30。

3.4.6　改进分析

与传统蒸压加气混凝土生产工艺对比，铜尾矿蒸压加气混凝土生产工艺的环境影响大幅降低。

铜尾矿蒸压加气混凝土生产过程对 GWP 影响最大的是蒸汽制备环节，其次是水泥生产环节。对于水泥生产环节，主要是由于水泥熟料生产造成的 CO_2 排放，可以考虑使用碳排放强度低的原料代替石灰质原料，包括电石渣、高炉矿渣、粉煤灰、钢渣等，这些经高温煅烧的废渣中钙质组分以 CaO、$Ca(OH)_2$ 的形式存在，在水泥生产过程不会释放 CO_2；对于蒸汽制备环节 CO_2 的减排，可以考虑采用生物质作为燃料制备蒸汽。

表3-30　蒸压加气混凝土 LCA 数据质量评估结果

指标名称	缩写（说明）/单位	传统蒸压加气混凝土			铜尾矿蒸压加气混凝土			铜尾矿 LCA 结果
		LCA 结果	结果不确定度	结果上下限（95%置信区间）	LCA 结果	结果不确定度	结果上下限（95%置信区间）	
初级能源消耗	PED/MJ	1.7×10^3	±6.54%	[1.6×10^3, 1.8×10^3]	1.5×10^3	±6.86%	[1.4×10^3, 1.6×10^3]	—
非生物资源消耗	ADP(Sb eq.)/kg	1.1×10^{-4}	±4.42%	[1.1×10^{-4}, 1.2×10^{-4}]	1.0×10^{-4}	±4.56%	[9.7×10^{-5}, 1.1×10^{-4}]	—
水资源消耗	WU/kg	7.8×10^2	±6.40%	[7.3×10^2, 8.3×10^2]	6.8×10^2	±6.59%	[6.4×10^2, 7.3×10^2]	—
气候变化	GWP(CO_2 eq.)/kg	1.8×10^2	±6.23%	[1.7×10^2, 2.0×10^2]	1.5×10^2	±6.29%	[1.4×10^2, 1.6×10^2]	—
环境酸化	AP(SO_2 eq.)/kg	5.6×10^{-1}	±4.45%	[5.3×10^{-1}, 5.7×10^{-1}]	4.8×10^{-1}	±4.67%	[4.5×10^{-1}, 4.9×10^{-1}]	—
可吸入无机物	RI($PM_{2.5}$ eq.)/kg	3.8×10^{-1}	±7.61%	[3.6×10^{-1}, 4.1×10^{-1}]	3.6×10^{-1}	±8.13%	[3.3×10^{-1}, 3.9×10^{-1}]	—
光化学臭氧合成	POFP(NMVOC eq.)/kg	2.3×10^{-1}	±7.55%	[2.1×10^{-1}, 2.4×10^{-1}]	1.5×10^{-1}	±6.76%	[1.4×10^{-1}, 1.6×10^{-1}]	—
富营养化潜值	EP(PO_4^{3-} eq.)/kg	5.4×10^{-2}	±5.61%	[4.9×10^{-2}, 5.5×10^{-2}]	4.4×10^{-2}	±5.57%	[4.0×10^{-2}, 4.4×10^{-2}]	—
生态毒性	ET/CTUe	2.7×10^{-1}	±2.73%	[2.5×10^{-1}, 2.7×10^{-1}]	2.4×10^{-1}	±2.50%	[2.2×10^{-1}, 2.3×10^{-1}]	0.2
人体毒性-致癌	HT-cancer/CTUh	2.6×10^{-8}	±5.37%	[2.4×10^{-8}, 2.6×10^{-8}]	2.2×10^{-8}	±4.93%	[2.0×10^{-8}, 2.2×10^{-8}]	1.4×10^{-8}
人体毒性-非致癌	HT-non cancer/CTUh	3.0×10^{-8}	±1.67%	[2.8×10^{-8}, 2.9×10^{-8}]	2.6×10^{-8}	±1.52%	[2.4×10^{-8}, 2.4×10^{-8}]	1.9×10^{-8}

3.5　铜尾矿泡沫微晶保温材料生产过程 LCA

在铜尾矿泡沫微晶保温材料生产过程中，原料的上料、配料和混料等工序会产生大量的粉尘颗粒，经除尘设备处理后仍会有部分颗粒物以无组织形式排放；铜尾矿泡沫微晶保温材料的烧结发泡工序需要锅炉和燃料，燃料燃烧产生的烟尘、SO_2 和 NO_2 等物质会对周围的大气环境产生影响。因此，本节评价了铜尾矿泡沫微晶保温材料生产过程环境影响的正负效应和资源能源消耗量的大小，确定了该过程对各生态环境指标的贡献值，并与普通泡沫微晶保温材料生产过程的环境影响进行对比。

3.5.1　铜尾矿用于生产泡沫微晶保温材料的可行性分析

普通泡沫微晶保温材料的生产是以石英砂、石灰石、铝土矿、硼砂、氧化钠和氧化钾等为主要原料，澄清剂和着色剂等辅助原料虽然用量较少，但对于改善泡沫微晶保温材料的性质具有重要作用。铜尾矿中含有 72.8% 的 SiO_2、12% 的 Al_2O_3 和 6.89% 的 Na_2O/K_2O，因此可以考虑将铜尾矿代替石英砂、铝土矿、氧化钠和氧化钾用于泡沫微晶保温材料的生产过程中，其他原料种类保持不变。

泡沫微晶保温材料所采用的生产原料除铜尾矿外均为市场普遍易得产品：（1）铜尾矿为粉末状固体，主要用来提供泡沫微晶中所需的硅质原料、Al_2O_3 和 Na_2O/K_2O；（2）石灰为粉末状生石灰，消化速度 8min，消化温度 75℃，按粒径要求粉磨后备用，主要提供 CaO 作为稳定剂使用，可增加玻璃的稳定性；（3）硼砂为市售玻璃生产专用硼砂，主要成分为 B_2O_3，作为助熔剂使用，高温时降低玻璃黏度，低温时提高玻璃黏度；（4）稳泡剂为市售泡沫微晶生产专用稳泡剂，主要成分为磷酸氢钠，稳泡剂可使玻璃内部形成稳定的气泡，使玻璃液黏度增大；（5）微晶晶核剂为市售钛白粉，主要成分为 TiO_2，用来提高玻璃的化学稳定性。各原料具体成分分析见表 3-31。

表 3-31　铜尾矿泡沫微晶保温材料原料成分分析　　　　　　（%）

类别	SiO_2	Al_2O_3	CaO	ZnO	B_2O_3	Na_2O/K_2O	MgO	Fe_2O_3
铜尾矿	72.80	12.00	1.83	0.05	—	6.89	0.75	1.63
石灰石	2.29	0.43	58.32		—		0.91	0.38
氧化锌	—			97				
硼砂					36.45	10.89	—	

泡沫微晶保温材料生产工艺流程如图 3-9 所示。

铜尾矿泡沫微晶保温材料化学成分及生产原料配比情况见表 3-32。

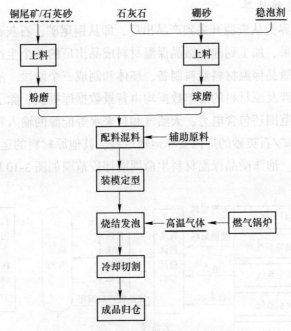

图 3-9 泡沫微晶保温材料生产工艺流程

表 3-32　铜尾矿泡沫微晶保温材料化学成分及生产原料配比情况 （%）

类别	原料配比	SiO_2	Al_2O_3	CaO	ZnO	B_2O_3	Na_2O/K_2O	MgO	Fe_2O_3
铜尾矿	72	52.42	8.64	1.32	0.03	—	4.96	0.54	1.17
石灰石	22	0.51	0.10	12.84	—	—	—	0.23	0.09
氧化锌	1.5	—	—	—	1.46	—	—	—	—
硼砂	4.5	—	—	—	—	1.64	0.49	—	—
合计	100	52.93	8.74	14.16	1.49	1.64	5.45	0.78	1.26
标准值	—	50~60	6~12	10~20	1~5	1~5	1~5	1~5	1~5

在上述原料配比情况下，铜尾矿泡沫微晶保温材料中各化学成分均在合适范围内。因此，该铜尾矿可替代石英砂、铝土矿、氧化钠和氧化钾作为铜尾矿蒸压加气混凝土的生产原料。

3.5.2　目标与范围

3.5.2.1　研究目标

以生产 $1m^3$ 铜尾矿/普通泡沫微晶保温材料为功能单位，通过 LCA 分析，对比两种工艺生产泡沫微晶保温材料的原料、能源的输入及废弃物的输出对环境产生的影响，探究泡沫微晶保温材料生产的更优方案。

3.5.2.2 系统边界

LCA 系统边界为从资源开采到产品出厂，即从铜尾矿、石灰石、硼砂和稳泡剂等原材料的开采、加工到泡沫微晶保温材料成品出厂的整个生产过程，这个过程主要分为泡沫微晶保温材料浆料制备、坯体和制成三个阶段。泡沫微晶保温材料浆料制备阶段涉及原材料的清单数据均由背景数据库提供。除了各主要原材料投入以外，系统范围还包含电力、天然气和自来水等能源的输入和环境污染物的输出，以及铜尾矿/石英砂的厂内货车运输过程，其他原材料的运输由外厂承担，不在系统范围内。泡沫微晶保温材料生命周期评价范围如图 3-10 所示。

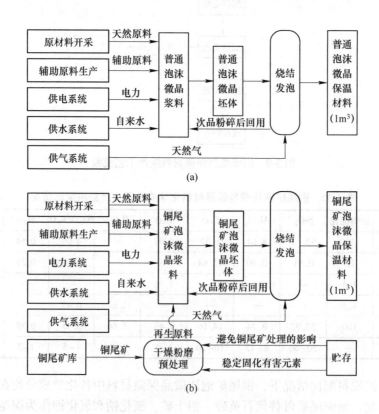

图 3-10   泡沫微晶保温材料生命周期评价范围
(a) 普通泡沫微晶材料；(b) 铜尾矿泡沫微晶材料

3.5.2.3 软件与数据库

采用亿科 eFootprint 软件系统，结合 CLCD 质量评估方法建立了泡沫微晶保温材料生命周期模型，并计算得到 LCA 结果。泡沫微晶保温材料生命周期模型使用的背景数据来源见表 3-33。

表 3-33 泡沫微晶保温材料生命周期模型的背景数据来源

所属过程	清单名称	数据集名称	数据库名称
普通泡沫微晶保温材料	自来水	自来水	CLCD-China-ECER 0.8.1
	电力	全国平均电网电力	CLCD-China-ECER 0.8.1
普通泡沫微晶保温材料浆料	铝土矿	铝土矿	CLCD-China-ECER 0.8.1
	硼砂	硼砂	CLCD-China-ECER 0.8.1
	石灰石	石灰石	CLCD-China-ECER 0.8.1
	自来水	自来水	CLCD-China-ECER 0.8.1
	石英砂	石英砂	CLCD-China-ECER 0.8.1
	电力	全国平均电网电力	CLCD-China-ECER 0.8.1
普通泡沫微晶保温材料坯体	天然气	天然气（运输后）	CLCD-China-ECER 0.8.1
	电力	全国平均电网电力	CLCD-China-ECER 0.8.1
铜尾矿泡沫微晶坯体	天然气	天然气（运输后）	CLCD-China-ECER 0.8.1
	电力	全国平均电网电力	CLCD-China-ECER 0.8.1
铜尾矿泡沫微晶保温材料浆料	自来水	自来水	CLCD-China-ECER 0.8.1
	铜尾矿	低价值废料	可忽略
	石灰石	石灰石	CLCD-China-ECER 0.8.1
	硼砂	硼砂	CLCD-China-ECER 0.8.1
	电力	全国平均电网电力	CLCD-China-ECER 0.8.1
铜尾矿泡沫微晶保温材料	电力	全国平均电网电力	CLCD-China-ECER 0.8.1
	自来水	自来水	CLCD-China-ECER 0.8.1

3.5.3 生命周期清单分析

3.5.3.1 过程基本信息

（1）过程名称：泡沫微晶保温材料。

（2）过程边界：从原材料开采到泡沫微晶保温材料出厂。

3.5.3.2 数据代表性

（1）主要数据来源：代表企业及实际生产数据。

（2）企业名称：来自企业环评报告、可行性研究报告和企业实际数据。

（3）产地：中国。

（4）基准年：2019 年。

（5）工艺类型：一次烧成泡沫微晶保温材料生产工艺。

（6）主要原料：铜尾矿/石英砂、石灰石、硼砂和稳泡剂等。

（7）主要能耗：电力、天然气和自来水等。

（8）生产规模：年产 10 万立方米泡沫微晶保温材料。

（9）末端治理：袋式除尘器，除尘效率 85%。

　　普通泡沫微晶保温材料和铜尾矿泡沫微晶保温材料的过程清单数据分别见表 3-34 和表 3-35。

表 3-34　普通泡沫微晶保温材料的过程清单数据

产品	类型	清单名称	数量	单位	上游数据来源
泡沫微晶保温材料坯体（672.5kg）	消耗	铝土矿	68	kg	CLCD-China-ECER 0.8.1
		硼砂	18	kg	CLCD-China-ECER 0.8.1
		石灰石	88	kg	CLCD-China-ECER 0.8.1
		氧化锌	6	kg	忽略
		钛白粉	4	kg	忽略
		自来水	262.5	kg	CLCD-China-ECER 0.8.1
		磷酸氢钠	6	kg	忽略
		石英砂	220	kg	CLCD-China-ECER 0.8.1
		电力	11.67	kW·h	CLCD-China-ECER 0.8.1
	排放	废气（排放到大气）	1.6×10^3	m³	—
		总颗粒物（排放到大气）	0.10	kg	—
泡沫微晶保温材料半成品（423.1kg）	消耗	天然气	7	m³	CLCD-China-ECER 0.8.1
		泡沫微晶保温材料坯体	672.5	kg	实景过程数据
		电力	1.5	kW·h	CLCD-China-ECER 0.8.1
	排放	氟（排放到大气）	1.6	g	—
		二氧化硫（排放到大气）	0.2	kg	—
		氮氧化物（排放到大气）	0.2	kg	—
		废气（排放到大气）	536.4	m³	—
		总颗粒物（排放到大气）	0.2	kg	—
普通泡沫微晶保温材料（1m³）	消耗	自来水	0.1	t	CLCD-China-ECER 0.8.1
		电力	2.3	kW·h	CLCD-China-ECER 0.8.1
		泡沫微晶保温材料半成品	423.1	kg	实景过程数据
	排放	废油（生产过程废弃物）	0.5	g	—

表 3-35　铜尾矿泡沫微晶保温材料的过程清单数据

产品	类型	清单名称	数量	单位	上游数据来源
铜尾矿泡沫微晶保温材料坯体（672.5kg）	消耗	磷酸氢钠	6	kg	忽略
		自来水	262.5	kg	CLCD-China-ECER 0.8.1
		石灰石	88	kg	CLCD-China-ECER 0.8.1
		钛白粉	4	kg	忽略
		硼砂	18	kg	CLCD-China-ECER 0.8.1
		氧化锌	6	kg	忽略
		电力	11.6	kW·h	CLCD-China-ECER 0.8.1
		铜尾矿	288	kg	忽略
	排放	总颗粒物（排放到大气）	0.08	kg	—
		废气（排放到大气）	1.3×10^3	m³	—
铜尾矿泡沫微晶半成品（423.1kg）	消耗	铜尾矿泡沫微晶保温材料坯体	672.5	kg	实景过程数据
		天然气	6.5	m³	CLCD-China-ECER 0.8.1
		电力	1.4	kW·h	CLCD-China-ECER 0.8.1
	排放	氟（排放到大气）	1.6	g	—
		总颗粒物（排放到大气）	0.2	kg	—
		废气（排放到大气）	536.4	m³	—
		二氧化硫（排放到大气）	0.2	kg	—
		氮氧化物（排放到大气）	0.2	kg	—
铜尾矿泡沫微晶保温材料（1m³）	消耗	电力	2.0	kW·h	CLCD-China-ECER 0.8.1
		铜尾矿泡沫微晶半成品	423.1	kg	实景过程数据
		自来水	0.1	t	CLCD-China-ECER 0.8.1
	排放	废油（生产过程废弃物）	0.5	kg	—

3.5.3.3　运输信息

铜尾矿和石英砂的运输距离为地图测量得到。为保证运输过程对环境的影响数据有对比性，因此两者运输数据保持一致。泡沫微晶保温材料生产过程中的运输信息见表 3-36。

表 3-36　泡沫微晶保温材料生产过程的运输信息

物料名称	净重/kg	起点	终点	运输距离/km	运输类型
石英砂	220	市场	建材厂	15	货车运输（10t）-柴油
铜尾矿	288	铜尾矿库	建材厂	30	货车运输（10t）-柴油

注：运输数据上游数据来源均来自 CLCD 数据库。

3.5.4　生命周期影响分析

3.5.4.1　生命周期评价结果

以 288kg 干铜尾矿为功能单位，数据采用 2019 年江西省某地铜尾矿环境影响现场实际检测数据。系统边界为从铜尾矿进入尾矿库到尾矿废水进入废水池。根据铜尾矿对环境的影响特点，选择两种环境影响类型指标进行计算，分别为：生态毒性（ET）和人体毒性–致癌/非致癌（HT-cancer/non cancer）见表 3-37。铜尾矿环境影响生命周期过程清单数据见表 3-38。

表 3-37　铜尾矿环境影响生命周期模型环境类型指标

环境影响类型指标		影响类型指标单位	主要清单物质
生态毒性	ET	CTUe	重金属等
人体毒性–致癌/非致癌	HT-cancer/non cancer	CTUh	重金属等

表 3-38　铜尾矿环境影响生命周期过程清单数据

类型	清单名称	数量	单位
物质	铜尾矿	288	kg
排放	锶（排放到水体）	184.43	mg
	镉（排放到水体）	54.37	mg
	废水（排放到水体）	213.552	kg
	铬（排放到水体）	9.68	mg
	锌（排放到水体）	17.54	mg
	铅（排放到水体）	10.45	mg
	镍（排放到水体）	10.19	mg
	铜（排放到水体）	0.79	mg
	汞（排放到水体）	0.089	mg
	砷（排放到水体）	7.99	mg
	化学需氧量（排放到水体）	24.826	g
	锰（排放到水体）	16.19	mg

结合 CLCD 数据库，在 eFootprint 上建立铜尾矿环境影响模型计算得到铜尾矿环境影响的 LCA 结果，指标分为 HT-cancer、HT-non cancer 和 ET，结果见表 3-39。

表 3-39   铜尾矿环境影响生命周期评价结果

环境影响类型指标	影响类型指标单位	LCA 结果
HT-cancer	CTUh	$1.79×10^{-8}$
HT-non cancer	CTUh	$2.43×10^{-8}$
ET	CTUe	$2.03×10^{-1}$

由表 3-39 可知，若 288kg 的该铜尾矿排放到环境中，不仅会占用大量的土地，而且会产生较大的生态毒性（ET），其次是人体毒性-非致癌（HT-non cancer），影响最小的是人体毒性-致癌（HT-cancer）。主要原因是该铜尾矿中含有的重金属离子首先污染周围水体和土壤，对生态环境造成破坏，然后经过生物富集作用进入人体，对人体健康产生危害。

结合 CLCD 数据库，在 eFootprint 上建立模型，计算得到两种工艺下泡沫微晶保温材料的 LCA 计算结果，计算指标分为 GWP、PED、ADP、WU、AP、EP、RI、POFP、HT-cancer/non cancer 和 ET 。数据计算结果见表 3-40 和表 3-41。

由表 3-40 和表 3-41 可知，两种泡沫微晶保温材料生产工艺造成的主要环境影响类型为水资源消耗（WU）、初级能源消耗（PED）和全球变暖潜能值（GWP），其次是环境酸化（AP）、生态毒性（ET）、可吸入无机物（RI）和水体富营养化（EP），人体毒性（HT-cancer/non cancer）影响值最小。与普通泡沫微晶保温材料生产相比，铜尾矿泡沫微晶保温材料生产过程中各环境影响类型值均有不同程度的降低，主要原因是一方面铜尾矿替代石英砂和铝土矿，降低了非生物资源的消耗量；另一方面铜尾矿颗粒较细、矿物成分较多，降低了粉磨工序电力资源的消耗和煅烧工序燃料的消耗量。环境影响类型中 WU 降幅最高，为 70.35%，主要原因是原生产工艺中石英砂的生产会消耗大量水，而将铜尾矿替代石英砂只需消耗较少的水。

铜尾矿泡沫微晶保温材料生产工艺造成的主要环境影响类型为 PED>WU>GWP：硼砂属于高纯物质，其上游生产过程对资源环境的影响最大，是节能减排控制的重要环节，主要环境影响类型为 GWP、PED 和 WU，分别占各环境影响类型总值的 75.33%、70.07% 和 39.38%。因此，为达到节能减排的目标，首先可以通过采用合适的、生态环境影响较小的绿色生产物料代替硼砂；其次可以通过提高烧结发泡过程中燃料的利用效率，降低天然气的使用量和 CO_2 的排放量；最后还可以通过提高生产用水的循环利用率，并降低生产过程中电能的消耗量，实现泡沫微晶保温材料的清洁生产。

由表 3-40 可知，石英砂和铝土矿的使用对生态毒性（ET）造成了较大的影响，对人体毒性（HT-cancer/non cancer）的影响值较小；但在同一环境影响指标下，铝土矿的影响值最大，石英砂次之。铜尾矿替代石英砂和铝土矿用于泡沫

表 3-40　普通泡沫微晶保温材料 LCA 结果

类型	单位（说明）	石灰生产	石英砂	原料运输	硼砂生产	铝土矿	天然气	自来水	电力过程	合计
PED	MJ	6.1	9.7	5.7	7.1×10^2	4.2×10	1.1×10^2	9.9×10^{-1}	1.9×10^2	1.1×10^3
ADP	kg（Sb eq.）	1.3×10^{-6}	2.4×10^{-6}	2.0×10^{-6}	3.2×10^{-5}	7.6×10^{-4}	2.8×10^{-5}	7.1×10^{-8}	8.5×10^{-6}	8.4×10^{-4}
WU	kg	1.5	1.7×10^3	7.4×10^{-1}	2.9×10^2	4.7×10	4.1	4.0×10^2	4.8×10	2.5×10^3
GWP	kg（CO_2 eq.）	4.8×10^{-1}	1.2	5.9×10^{-1}	5.3×10	3.0	1.9	7.5×10^{-2}	1.5×10	7.5×10
AP	kg（SO_2 eq.）	9.9×10^{-3}	6.0×10^{-2}	1.2×10^{-2}	3.5×10^{-1}	5.0×10^{-2}	6.0×10^{-3}	4.0×10^{-4}	7.7×10^{-2}	5.7×10^{-1}
RI	kg（$PM_{2.5}$ eq.）	2.6×10^{-3}	9.5×10^{-3}	2.3×10^{-3}	7.4×10^{-2}	2.0×10^{-2}	1.0×10^{-3}	1.2×10^{-4}	2.2×10^{-2}	1.3×10^{-1}
POFP	kg（NMVOC eq.）	7.4×10^{-3}	2.9×10^{-3}	3.6×10^{-3}	2.1×10^{-2}	1.9×10^{-2}	7.0×10^{-3}	3.0×10^{-5}	5.6×10^{-3}	6.7×10^{-2}
EP	kg（PO_4^{3-} eq.）	1.6×10^{-3}	7.4×10^{-3}	2.1×10^{-3}	5.6×10^{-2}	7.1×10^{-3}	4.4×10^{-4}	4.1×10^{-5}	5.0×10^{-3}	8.0×10^{-2}
ET	CTUe	4.0×10^{-2}	1.6×10^{-2}	1.6×10^{-2}	1.0×10^{-1}	4.5×10^{-1}	2.7×10^{-2}	2.7×10^{-4}	2.8×10^{-2}	6.8×10^{-1}
HT-cancer/non cancer	CTUh	7.7×10^{-9}	3.0×10^{-9}	2.7×10^{-9}	2.0×10^{-8}	1.1×10^{-7}	4.9×10^{-9}	6.5×10^{-11}	6.8×10^{-9}	1.6×10^{-7}

表 3-41　铜尾矿泡沫微晶保温材料 LCA 结果

类型	单位（说明）	石灰生产	铜尾矿	原料运输	硼砂生产	铝土矿	天然气	自来水	电力过程	合计
PED	MJ	6.1	0	7.4	7.1×10^2	0	1.0×10^2	9.8×10^{-1}	1.9×10^2	1.0×10^3
ADP	kg（Sb eq.）	1.3×10^{-6}	0	2.6×10^{-6}	3.2×10^{-5}	0	2.6×10^{-5}	7.0×10^{-8}	8.2×10^{-6}	7.0×10^{-5}
WU	kg	1.5	0	9.7×10^{-1}	2.9×10^2	0	3.8	4.0×10^2	4.7×10	7.5×10^2
GWP	kg（CO_2 eq.）	4.8×10^{-1}	0	7.7×10^{-1}	5.3×10	0	1.8	7.5×10^{-2}	1.4×10	7.0×10
AP	kg（SO_2 eq.）	9.9×10^{-3}	0	1.6×10^{-2}	3.5×10^{-1}	0	6.0×10^{-3}	3.9×10^{-4}	7.4×10^{-2}	4.6×10^{-1}
RI	kg（$PM_{2.5}$ eq.）	2.6×10^{-3}	0	3.0×10^{-3}	7.4×10^{-2}	0	1.0×10^{-3}	1.2×10^{-4}	2.2×10^{-2}	1.0×10^{-1}
POFP	kg（NMVOC eq.）	7.4×10^{-3}	0	4.7×10^{-3}	2.1×10^{-2}	0	6.0×10^{-3}	3.0×10^{-5}	5.5×10^{-3}	4.5×10^{-2}
EP	kg（PO_4^{3-} eq.）	1.6×10^{-3}	0	2.8×10^{-3}	5.6×10^{-2}	0	4.1×10^{-4}	4.0×10^{-5}	4.9×10^{-3}	6.6×10^{-2}
ET	CTUe	4.0×10^{-2}	-2.0×10^{-1}	2.1×10^{-1}	1.0×10^{-1}	0	2.5×10^{-2}	2.7×10^{-4}	2.7×10^{-2}	2.1×10^{-1}
HT-cancer/non cancer	CTUh	7.7×10^{-9}	-4.2×10^{-8}	3.5×10^{-8}	1.1×10^{-8}	0	4.6×10^{-9}	4.3×10^{-10}	6.6×10^{-9}	3.2×10^{-8}

微晶保温材料的生产不仅避免了铜尾矿堆存可能产生的生态毒性、人体毒性及占用土地的影响，同时与普通泡沫微晶保温材料生产过程相比，生态毒性和人体毒性值均有不同程度的削减，其中生态毒性值削减了 29.3%，人体毒性值削减了 25.85%。

3.5.4.2 清单数据灵敏度分析

清单数据灵敏度是指清单数据单位变化率引起的相应指标变化率。通过分析清单数据对各指标的灵敏度，并配合改进潜力评估，从而辨识最有效的改进点。主要针对泡沫微晶保温材料生产环境影响类型指标中的初级能源消耗（PED）、水资源消耗（WU）和全球变暖潜能值（GWP）的清单数据灵敏度进行分析，普通泡沫微晶保温材料和铜尾矿泡沫微晶保温材料 LCA 清单数据灵敏度结果分别如图 3-11 和图 3-12 所示。

图 3-11　普通泡沫微晶保温材料 LCA 清单数据灵敏度
(a) GWP；(b) PED；(c) WU

由图 3-11 可知，普通泡沫微晶保温材料生产过程中对全球变暖潜能值（GWP）清单数据灵敏度影响最大是硼砂制备过程，高达 71.17%，其次是电力过程燃料燃烧排放的 CO_2，清单数据灵敏度为 19.70%；对初级能源消耗（PED）清单数据灵敏度影响最大是硼砂制备过程，高达 66.28%，其次是电力过程，清单数据灵敏度为 18.05%；对水资源消耗（WU）清单数据灵敏度影响最大是石英砂制备过程，高达 68.30%，其次是自来水和硼砂制备过程，清单数据灵敏度分别为 16.00% 和 11.69%。

由图 3-12 可知，铜尾矿泡沫微晶保温材料生产过程中对全球变暖潜能值（GWP）清单数据灵敏度影响最大是硼砂制备过程，高达 76.06%，其次是电力过程燃料燃烧排放的 CO_2，清单数据灵敏度为 20.41%；对初级能源消耗（PED）清单数据灵敏度影响最大是硼砂制备过程，高达 70.57%，其次是电力过程，清单数据灵敏度为 18.64%；对水资源消耗（WU）清单数据灵敏度影响最大是自来水过程，高达 53.59%，其次是硼砂制备和电力过程，清单数据灵敏度分别为 39.39% 和 6.30%。

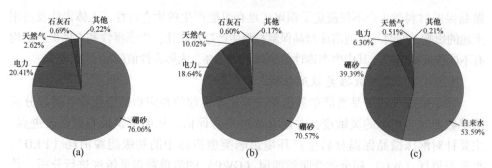

图 3-12   铜尾矿泡沫微晶保温材料 LCA 清单数据灵敏度

(a) GWP；(b) PED；(c) WU

3.5.5   生命周期影响解释

3.5.5.1   数据完整性说明

泡沫微晶保温材料生产过程生命周期模型中上游生产数据完整，无须补充。数据缺失或忽略的物料汇总见表 3-42。

表 3-42   数据缺失或忽略的物料汇总表

消耗名称	所属过程	上游数据来源	数量/kg	质量分数/%	检查结果
磷酸氢钠		可忽略	6	1.08	数据缺失
钛白粉	铜尾矿泡沫微晶	可忽略	4	0.72	符合 cut-off 规则
氧化锌	保温材料坯体	可忽略	6	1.08	数据缺失
铜尾矿		可忽略	288	51.84	来自上游低值废料，忽略

3.5.5.2   数据质量评估结果

采用 CLCD 质量评估方法，在 eFootprint 系统上完成对泡沫微晶保温材料生命周期模型清单数据的不确定度评估。研究类型为企业 LCA，代表江西省某绿色建材企业及供应链水平（采用实际生产数据），得到的泡沫微晶保温材料生产过程生命周期模型数据质量评估的评估结果见表 3-43。

3.5.6   改进分析

与普通泡沫微晶保温材料生产工艺对比，铜尾矿泡沫微晶保温材料生产工艺的环境影响大幅降低。

铜尾矿泡沫微晶保温材料生产过程对 GWP 影响最大的是硼砂制备过程，可以考虑在硼砂制备过程提高碳解的 CO_2 压力和适当提高温度，从而提高硼矿碳解率、缩短反应时间、提高 CO_2 利用率，进而减少 CO_2 的排放。

表 3-43　泡沫微晶保温材料 LCA 数据质量评估结果

指标名称	缩写（说明）/单位	普通泡沫微晶保温材料			铜尾矿*泡沫微晶保温材料			铜尾矿*
		LCA结果	结果不确定度	结果上下限（95%置信区间）	LCA结果	结果不确定度	结果上下限（95%置信区间）	LCA结果
初级能源消耗	PED/MJ	$1.1×10^3$	±7.37%	$[9.9×10^2, 1.2×10^3]$	$1.0×10^3$	±7.83%	$[9.3×10^2, 1.1×10^3]$	—
非生物资源消耗	ADP(Sb eq.)/kg	$8.4×10^{-4}$	±7.48%	$[7.7×10^{-4}, 9.0×10^{-4}]$	$7.0×10^{-5}$	±5.33%	$[6.4×10^{-5}, 7.2×10^{-5}]$	—
水资源消耗	WU/kg	$2.5×10^3$	±7.86%	$[2.3×10^3, 2.7×10^3]$	$7.5×10^2$	±6.26%	$[7.0×10^2, 7.9×10^2]$	—
气候变化	GWP(CO_2 eq.)/kg	$7.5×10$	±5.73%	$[7.0×10, 7.8×10]$	$7.0×10$	±6.11%	$[6.5×10, 7.4×10]$	—
环境酸化	AP(SO_2 eq.)/kg	$5.7×10^{-1}$	±3.71%	$[8.6×10^{-1}, 9.3×10^{-1}]$	$4.6×10^{-1}$	±4.18%	$[7.5×10^{-1}, 8.1×10^{-1}]$	—
可吸入无机物	RI($PM_{2.5}$ eq.)/kg	$1.3×10^{-1}$	±3.07%	$[2.0×10^{-1}, 2.2×10^{-1}]$	$1.0×10^{-1}$	±3.51%	$[1.7×10^{-1}, 1.9×10^{-1}]$	—
光化学臭氧合成	POFP(NMVOC eq.)/kg	$6.7×10^{-2}$	±2.86%	$[7.5×10^{-2}, 7.9×10^{-2}]$	$4.5×10^{-2}$	±3.44%	$[5.3×10^{-2}, 5.6×10^{-2}]$	—
富营养化潜值	EP(PO_4^{3-} eq.)/kg	$8.0×10^{-2}$	±5.06%	$[1.0×10^{-1}, 1.1×10^{-1}]$	$6.6×10^{-2}$	±5.74%	$[8.9×10^{-2}, 10.0×10^{-1}]$	—
生态毒性	ET/CTUe	$6.8×10^{-1}$	±4.90%	$[6.3×10^{-1}, 6.9×10^{-1}]$	$2.1×10^{-1}$	±3.11%	$[2.0×10^{-1}, 2.1×10^{-1}]$	$2.0×10^{-1}$
人体毒性-致癌	HT-cancer/CTUh	$7.8×10^{-8}$	±8.33%	$[7.1×10^{-8}, 8.3×10^{-8}]$	$1.0×10^{-8}$	±6.35%	$[17×10^{-8}, 1.9×10^{-8}]$	$1.8×10^{-8}$
人体毒性-非致癌	HT-non cancer/CTUh	$8.3×10^{-8}$	±3.50%	$[7.9×10^{-8}, 8.4×10^{-8}]$	$2.2×10^{-8}$	±1.95%	$[2.4×10^{-8}, 2.5×10^{-8}]$	$2.4×10^{-8}$

复习思考题

3-1 简述我国铜尾矿的来源及其危害。

3-2 简述我国铜尾矿资源化利用现状。

3-3 对铜尾矿硅酸盐水泥熟料生产过程开展生命周期评价时其系统边界为何？

3-4 什么是清单数据灵敏度分析，该指标说明什么问题？

3-5 请根据文中铜尾矿蒸压加气混凝土生产过程生命周期数据分析结果，找出该资源化过程中环境影响最大的环节。

4 钨尾矿资源化及其环境影响

钨单质为银白色，熔点高，硬度、密度大，常温下不易腐蚀，是现代工业不可缺少的金属元素之一。钨合金具有高密度、高硬度、高熔点等众多优点，是制备切削刀具、钻头、穿甲弹等的重要材料，关系到国防、航空等高科技战略领域，钨化合物材料也被广泛用于环保、能源和催化等领域。因此，世界上许多国家都将钨作为战略储备资源。

但钨矿品位一般较低，导致选矿过程中产生大量尾矿，约占原矿 90% 以上。我国每年排放 40 多万吨钨尾矿，大部分未被有效利用，堆存量已达 1000 万吨以上。若将这些钨尾矿进行综合利用，不仅能减少资源的浪费，还能降低因占地带来的各类环境影响。目前钨尾矿综合利用包括回收其中的有价金属、非金属矿，以及整体利用，但不同的回收处理技术其有价金属、非金属矿的回收率也不同，产生废水、废气、废渣等二次污染情况也有差异。为厘清钨尾矿资源化过程的环境影响，运用 LCA 方法定量分析钨尾矿资源化全过程的资源消耗、污染物排放，为江西省乃至全国钨产业可持续发展提供支持。

4.1 钨尾矿的来源及其危害

4.1.1 钨尾矿的来源

钨尾矿为钨原矿经选别提取钨后残留的脉石矿物。钨矿一般品位较低，约为 0.1%~0.7%，导致钨矿回收率较低，产生大量尾矿，钨矿选矿过程中尾矿与精矿的比例一般达 9：1。钨矿资源可分为黑钨矿、白钨矿和混合钨矿三种资源，根据矿床类型不同，选矿技术条件差别较大。其中，黑钨矿以重选为主，部分精选可用干式强磁选完成；白钨矿则以浮选为主，混合钨矿则要综合利用黑钨矿和白钨矿选别技术，当要综合回收的组分较多时，选别工艺也相应更加复杂。由此可见，钨尾矿的产生一方面受钨矿选矿过程影响，所采用的选矿方法不同，直接影响钨尾矿的粒度、含水量及药剂残留等。另一方面受钨矿原矿影响，这是由钨矿的地质成矿条件决定的。

我国钨矿主要分布在江西和湖南等地，这两个地区约占全国总量的 70% 以上。我国目前探明的钨矿产地有 252 处，其中湖南主要为白钨矿，江西主要为黑钨矿。

我国钨尾矿的产率非常高，原因是我国钨矿资源查明储量虽然为世界第一（2019年探明储量达到了1120.86万吨 WO_3），但是优质钨、高品位富矿已基本消耗殆尽，原矿普遍品位降低至0.1%左右，且嵌布粒度越来越细，成分越来越复杂，黑白钨混合成矿越来越普遍，导致选矿过程中尾矿产率一般高达95%以上。据统计，我国每年约排放40多万吨钨尾矿，堆存量已达1000万吨以上，大部分未被有效利用。

4.1.2　钨尾矿的危害

目前，钨尾矿排放量巨大，每年排放的新尾矿加上历年堆积的老尾矿主要堆存于尾矿库中，这需要占用大量空余的土地资源，并且容易引发二次地质灾害。钨尾矿主要含有萤石、石英、石榴子石、长石、云母、方解石等矿物，有些含有钼、铋等少量的多金属矿物，主要化学成分为：SiO_2、Al_2O_3、CaO、CaF_2、MgO、Fe_2O_3 等。钨尾矿风化所释放出的重金属元素可能对环境造成负面影响，使生态环境遭到破坏。

有研究表明，江西省某钨矿尾矿库周边农田土壤重金属 Cu、Pb、Cd、As 分别为《土壤环境质量　农用地土壤污染风险管控标准（试行）》标准的2.13倍、1.96倍、5.27倍、1.15倍，所有农田采样点重金属超标顺序为 Cd > Cu > Pb > As。刘足根等人通过对赣南某钨矿尾矿区本土植物重金属污染特征进行研究，发现植物内 Cd 和 Cu 等重金属污染严重，已抑制植物生长发育。付君叶通过对盘古山钨矿砂重金属赋存形态及迁移规律研究发现，大余县某钨矿区菜田土壤中 Cd 含量高达 1.1mg/kg。赵永红等人考察赣南某钨矿尾矿及其周围土壤中砷的赋存状态及释放特征，结果表明：尾矿中砷质量比达到 63.2mg/kg，尾矿周边土壤中砷平均质量比达到 83.83mg/kg，已受到了严重的砷污染；而且离尾矿堆越近，土壤中砷的富集越明显。钨尾矿和土壤中砷的释放能力受外界条件和体系 pH 值等因素的影响，且在一定范围内释放量随 pH 值升高而增加。

4.2　钨尾矿成分分析

钨尾矿主要由脉石矿物及围岩矿物组成，多为非金属矿。根据钨矿种类不同，其脉石矿物也有所区别。黑钨矿属于气化高温热液型矿床，多为石英大脉型或细脉型矿床，呈粗板状或细脉状晶体富集，粒度较粗。白钨矿主要为复合型和砂岩型，常与钼、铋等有色金属共生，粒度较细。钨尾矿主要化学成分包括 Si、Al、Ca、Mg、Fe 等，根据具体情况而含量分别有所不同。

分别选取黑钨矿、白钨矿和黑白钨矿三种不同类型尾矿进行成分分析。

4.2.1 黑钨尾矿成分分析

以崇义章源钨业股份有限公司淘锡坑钨矿黑钨细泥尾矿、漂塘钨矿黑钨尾矿、铁山垅钨矿黑钨尾矿作为黑钨尾矿的代表进行成分分析。

4.2.1.1 淘锡坑黑钨细泥尾矿成分分析

淘锡坑黑钨细泥尾矿成分分析结果见表4-1。

表4-1 淘锡坑黑钨细泥尾矿成分分析

成分	WO_3	Mo	Bi	Sn	Fe	Mn	Pb	Zn	Cu
含量/%	0.29	0.07	0.24	0.021	3.28	0.29	0.25	0.14	0.09
成分	CaO	TiO_2	MgO	Al_2O_3	K_2O	Na_2O	SiO_2	Be	
含量/%	2.10	0.97	1.58	12.14	2.65	0.54	62.56	0.013	

从表4-1可知,原矿含WO_3为0.29%。对黑钨尾矿进行筛分分析,结果见表4-2。

表4-2 淘锡坑黑钨细泥尾矿筛分分析

粒级/mm	产率/%	WO_3品位/%	分布率/%
>0.074	10.42	0.039	1.35
0.074~0.037	26.81	0.056	5.00
<0.037	62.77	0.448	93.65
钨尾矿	100.00	0.30	100.00

从表4-2可以看出,钨尾矿中钨主要分布在0.037mm以下,且其产率达到了62.77%,其钨品位也提高到0.448%,钨金属分布率达到93.65%,因此针对淘锡坑黑钨细泥尾矿,细粒级的钨尾矿是主要的回收对象。

4.2.1.2 漂塘黑钨尾矿成分分析

漂塘黑钨尾矿成分分析结果见表4-3。

表4-3 漂塘黑钨尾矿成分分析

成分	F	MgO	Al_2O_3	SiO_2	P_2O_5	SO_3	Cl	K_2O	CaO
含量/%	1.30	2.58	11.12	68.52	0.09	0.19	0.01	2.87	2.34
成分	TiO_2	WO_3	MnO	Cr_2O_3	Fe_2O_3	CuO	ZnO	Ga_2O_3	PbO
含量/%	0.38	0.02	0.19	0.019	3.80	0.05	0.08	0.002	0.017

由表4-3可知,尾矿中WO_3含量仅为0.02%,表明钨的回收价值不大,但SiO_2含量为68.52%,有较大的回收利用价值。

对漂塘黑钨尾矿进行筛分分析,结果见表4-4。

表4-4　漂塘黑钨尾矿筛分分析

粒级/mm	产率/%	SiO₂ 品位/%	SiO₂ 分布率/%
>1.18	36.98	68.49	35.54
1.18~0.212	55.05	72.09	56.51
<0.212	7.97	68.36	7.95
钨尾矿	100.00	68.52	100.00

从筛分结果可知,漂塘黑钨尾矿中石英主要分布在 0.212mm 以上,产率达到 92.03%,其中 SiO_2 品位均高于原矿,SiO_2 分布率达到了 92.05%,因此针对漂塘钨尾矿,主要回收其粗粒级中的石英。漂塘黑钨尾矿不同颜色颗粒 SiO_2 含量分析结果见表4-5。

表4-5　漂塘黑钨尾矿不同颜色颗粒 SiO_2 含量分析

样品	SiO₂ 含量/%
白色颗粒	93.15
黑色颗粒	57.05

由表 4-5 不同颜色颗粒 SiO_2 含量分析可知,白色颗粒中 SiO_2 含量为 93.15%,黑色颗粒中 SiO_2 含量仅为 57.05%,若通过色选将白色颗粒与黑色颗粒分离,可明显提高 SiO_2 品位。

4.2.1.3　铁山垅黑钨尾矿成分分析

铁山垅黑钨尾矿成分分析结果见表4-6。

表4-6　铁山垅黑钨尾矿成分分析

成分	F	Na₂O	MgO	Al₂O₃	SiO₂	P₂O₅	SO₃	Cl	K₂O	CaO	TiO₂
含量/%	0.35	0.26	1.05	7.28	78.12	0.07	0.19	0.01	1.90	0.70	0.15
成分	CuO	ZnO	Bi₂O₃	Rb₂O	Cr₂O₃	Y₂O₃	ZrO₂	Fe₂O₃	MnO	WO₃	PbO
含量/%	0.08	0.04	0.02	0.04	0.01	0.00	0.01	2.73	0.13	0.03	0.01

由表 4-6 可知,尾矿中 WO_3 含量仅为 0.03%,钨的回收价值不大,但 SiO_2 含量为 78.12%,有较大的回收利用价值。

对铁山垅黑钨尾矿进行筛分分析,结果见表4-7。

表 4-7 铁山垅黑钨尾矿筛分分析结果

粒级/mm	产率/%	SiO_2 含量/%	SiO_2 分布率/%
>2	12.5	88.39	9.06
2~1.18	28.49	84.66	32.89
1.18~0.212	34.23	80.54	35.39
<0.212	24.38	75.79	23.66
钨尾矿	100	78.12	100

从筛分结果可以看出，铁山垅黑钨尾矿中石英主要分布在 0.212mm 以上，产率达到了 75.22%，其中 SiO_2 的品位均高于原矿，SiO_2 分布率达到了 77.34%，因此针对铁山垅黑钨尾矿主要回收其粗粒级中的石英。

铁山垅黑钨尾矿不同颜色颗粒 SiO_2 含量分析结果见表 4-8。

表 4-8 铁山垅黑钨尾矿不同颜色颗粒 SiO_2 含量

样品	SiO_2 含量/%
白色颗粒	92.04
黑色颗粒	65.93

由表 4-8 可知，白色颗粒中 SiO_2 含量为 92.04%，黑色颗粒中 SiO_2 含量仅为 65.93%，若通过色选将白色颗粒与黑色颗粒分离，可明显提高 SiO_2 品位。

4.2.2 白钨尾矿成分分析

以江西省上犹县营前寨下矽卡岩型白钨尾矿、湖南省宜章县城东北瑶岗仙白钨尾矿作为白钨尾矿的代表进行成分分析。

4.2.2.1 营前白钨尾矿成分分析

营前白钨尾矿成分分析结果见表 4-9。

表 4-9 营前白钨尾矿成分分析

成分	F	MgO	Al_2O_3	SiO_2	P_2O_5	SO_3	Cl	K_2O
含量/%	1.86	4.45	6.63	37.32	0.08	0.22	0.02	0.82
成分	TiO_2	V_2O_5	MnO	Cr_2O_3	Fe_2O_3	CuO	ZnO	CaO
含量/%	0.34	0.01	4.67	0.01	6.07	0.01	1.00	28.23
成分	Rb_2O	SrO	GeO_2	ZrO_2	Pr_2O_3	WO_3	PbO	
含量/%	0.01	0.03	0.01	0.01	0.03	0.05	0.06	

由表 4-9 可知，营前白钨尾矿中 WO_3 含量仅为 0.05%，钨的回收价值不大，且 SiO_2 含量也仅为 37.32%，石英同样不具备回收价值。但该钨尾矿中主要成分

有 SiO_2、CaO、Al_2O_3、Fe_2O_3、MnO、MgO，分别占比达到 37.32%、28.23%、6.63%、6.07%、4.67%、4.45%，共同占比已经超过尾矿成分的 80%，具有潜在活性，可活化后用于制备掺合料。

对营前尾矿进行筛分分析（见表4-10）可知，尾矿粒径主要分布在小于100目（0.147mm）和 100～200 目（0.147～0.074mm）之间，占比分别达到了 42.52%、34.46%，最少的是在 400～600 目（0.038～0.023mm），产率仅为 0.66%。

表 4-10　营前白钨尾矿粒度分析

粒级/目	<100	100~200	200~400	400~600	>800
质量/g	425.2	344.6	124.4	6.6	65.42
产率/%	42.52	34.46	12.44	0.66	6.542

由表4-11营前钨尾矿磨矿时间与粒度关系可知，随着磨矿时间的延长，比表面积逐渐增加，在磨矿时间为60min 时，比表面积为 $715m^2/kg$。粒度随着磨矿时间的延长逐渐减小，30min 和40min 时尾矿颗粒 D_{90} 在 $10\mu m$ 左右，50min 和60min 时，颗粒 D_{90} 小于 $3\mu m$。

表 4-11　营前白钨尾矿磨矿时间与粒度关系

球磨时间/min	$D_{50}/\mu m$	$D_{75}/\mu m$	$D_{90}/\mu m$	比表面积/$m^2 \cdot kg^{-1}$
30	2.25	4.72	10.62	526
40	1.87	3.38	9.83	620
50	1.14	1.68	2.33	696
60	1.13	1.65	2.27	715

4.2.2.2　瑶岗仙白钨尾矿成分分析

由成分分析（见表4-12）可知，钨尾矿中 WO_3 含量为 0.18%，有一定的回收利用价值，而 SiO_2 含量仅为 43.15%，石英不具备回收价值，因此该钨尾矿可回收其中的有价金属元素钨。

表 4-12　瑶岗仙白钨尾矿成分分析

成分	WO_3	SiO_2	CaO	Fe_2O_3	MnO	F	MgO	SO_3	Al_2O_3
含量/%	0.18	43.15	19.27	5.99	2.45	1.94	6.55	1.82	11.73
成分	K_2O	CuO	ZnO	As_2O_3	PbO	Bi_2O_3	P_2O_5	TiO_2	其他
含量/%	1.51	0.03	0.20	0.11	0.099	0.03	0.10	0.27	—

从表4-13可以看出，瑶岗仙白钨尾矿中钨主要分布在 0.038mm（400目）以上，产率达到了 79.82%，其中钨的品位均高于原矿，钨分布率达到了

71.82%，因此针对瑶岗仙钨尾矿，主要回收其粗粒级中的钨金属。

表 4-13　瑶岗仙白钨尾矿筛分分析结果

粒级/目	产率/%	品位/%	分布率/%
<200	55.81	0.15	47.37
200~400	24.01	0.18	24.45
400~600	3.54	0.13	2.60
600~800	2.80	0.18	2.85
>800	13.85	0.29	22.73
总计	100.00	0.18	100.00

4.2.3　黑白钨尾矿成分分析

以宁化行洛坑钨矿有限公司黑白钨尾矿、湖南省郴州市柿竹园钨锡多金属黑白钨尾矿作为黑白钨尾矿的代表进行成分分析。

4.2.3.1　行洛坑黑白钨尾矿成分分析

分别对行洛坑黑白钨尾矿的重选尾砂和细泥进行了成分分析，结果见表 4-14 和表 4-15。

表 4-14　行洛坑重选尾砂成分分析

成分	F	Na_2O	MgO	Al_2O_3	SiO_2	P_2O_5	SO_3	Cl	K_2O	CaO	TiO_2
含量/%	0.26	1.30	0.97	12.22	73.17	0.04	0.06	0.02	4.61	1.27	0.19
成分	CuO	ZnO	Cr_2O_3	Rb_2O	SrO	Y_2O_3	ZrO_2	Fe_2O_3	MnO	WO_3	PbO
含量/%	0.01	0.01	0.01	0.05	0.01	—	0.01	1.97	0.08	0.03	0.01

表 4-15　行洛坑钨矿细泥成分分析

成分	F	Na_2O	MgO	Al_2O_3	SiO_2	P_2O_5	SO_3	Cl	K_2O	CaO	TiO_2
含量/%	0.26	1.27	0.80	9.50	66.58	0.77	0.12	0.02	4.25	1.43	0.14
成分	CuO	ZnO	Cr_2O_3	Rb_2O	SrO	Y_2O_3	ZrO_2	Fe_2O_3	MnO	WO_3	PbO
含量/%	0.01	0.01	0.01	0.04	0.01	—	0.01	1.64	0.07	0.10	0.01

由原矿分析（见表 4-14 和表 4-15）可知，重选尾砂中 WO_3 含量仅为 0.03%，不具备回收价值，而 SiO_2 含量为 73.17%，可回收重选尾砂中的 SiO_2，因此该钨尾矿可回收其中的有价金属元素钨。钨细泥中 WO_3 含量为 0.10%，有一定的回收价值，而 SiO_2 含量为 66.58%，同样具有一定的回收价值。

重选尾砂筛分分析结果见表 4-16。从表 4-16 可以看出，重选尾砂中石英主要分布在 0.212~1.18mm，产率达到了 68.9%，其 SiO_2 品位为 73.65%，SiO_2 分布率达到了 69.35%，因此针对行洛坑钨矿重选尾砂，主要回收其粗粒级中的石英。

表 4-16　行洛坑重选尾砂筛分分析

粒级/mm	产率/%	SiO_2 含量/%	SiO_2 分布率/%
1.18~0.212	68.9	73.65	69.35
<0.212	31.1	72.12	30.65
重选尾砂	100	73.17	100

4.2.3.2　柿竹园黑白钨尾矿成分分析

柿竹园黑白钨尾矿成分分析结果见表 4-17。

表 4-17　柿竹园钨尾矿成分分析

成分	WO_3	SiO_2	CaO	Fe_2O_3	MnO	F	MgO	SO_3	Al_2O_3
含量/%	0.06	50.25	12.25	7.47	0.57	3.70	1.10	0.24	11.73
成分	K_2O	CuO	ZnO	As_2O_3	PbO	Bi_2O_3	P_2O_5	TiO_2	其他
含量/%	2.31	0.01	0.02	0.01	0.01	0.04	0.04	0.16	—

由表 4-17 黑白尾矿成分分析可知，原矿中 WO_3 含量仅为 0.06%，钨的回收价值不大，且 SiO_2 含量也仅为 50.25%，石英回收价值也不大。但该钨尾矿中主要成分有 SiO_2、CaO、Al_2O_3，占比分别达到 50.25%、12.25%、11.73%，共同占比已经超过尾矿成分的 70%，具有潜在活性，可活化后用于制备掺合料。

4.3　钨尾矿回收钨精矿过程 LCA

由 4.2 节可知，钨尾矿主要由脉石矿物及围岩矿物组成，其中脉石矿物又随钨矿种类的不同而有所区别，从而出现有些钨尾矿具备钨金属回收价值，有些具备石英回收价值，有些具备钨金属和石英同时回收价值，有些不具备钨金属或石英回收价值。

本节主要以钨尾矿回收钨精矿为研究对象。单一的分选工艺回收钨尾矿存在一定的缺陷，联合工艺能够有效提高钨尾矿回收率。骆任采用磁—重联合工艺流程处理 WO_3 品位为 0.75% 的原生钨尾矿，得到 WO_3 品位为 26.67%、回收率为 79.99% 的钨精矿。管建红等人对脱硫后含 WO_3 品位为 0.25% 的钨尾矿进行研究，采用磁—重联合工艺回收钨精矿，得到 WO_3 品位为 26%、回收率为 54.35% 的钨精矿。高湘海等人利用磁—浮联合流程将回收的钨精矿品位提高了 12.65%，回收率提高了 6.14%。邹海滨等人利用浮—磁—浮联合工艺回收 WO_3 品位为 0.39% 的黑钨尾矿，得到了含 WO_3 品位为 53.48%、回收率为 67.19% 的黑钨精矿。王婷霞等人采用浮—磁—重联合工艺回收 WO_3 品位为 0.96% 的钨尾矿，其 WO_3 综合回收率达 92.66%。

钨尾矿回收钨精矿在带来经济效益的同时，也不能忽略回收钨精矿过程的环境影响，只有对钨尾矿回收钨精矿过程的资源、能源消耗及环境影响有一个全面的了解，才能在钨尾矿回收有价金属方面取得最大的环境效益和经济效益。

4.3.1 目标与范围

4.3.1.1 研究目标

选取全浮工艺和重—浮联合工艺从钨尾矿中回收 1kg 钨精矿（WO_3 品位为 21%±2%）为功能单位，通过 LCA 分析，对比两种工艺回收钨精矿过程的原料、能源的输入及废弃物的输出对环境产生的影响，探究钨尾矿回收钨精矿的更优方案。

4.3.1.2 系统边界

全浮工艺的系统边界包括浮选（脱硫浮选、钨浮选）和浓缩烘干 2 个单元过程。重—浮联合工艺的系统边界包括离心重选、浮选（脱硫浮选、钨浮选）和浓缩烘干 3 个单元过程。根据研究目标进行范围界定，两种回收钨精矿工艺的系统边界图如图 4-1 和图 4-2 所示。

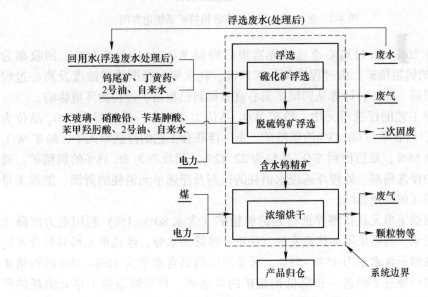

图 4-1　全浮工艺回收钨精矿系统边界图

离心重选单元是指利用离心力强化、按比重选别的过程，将较重的钨粗精矿富集起来，以提高钨品位。重—浮联合工艺中进入离心重选单元过程的给矿 WO_3

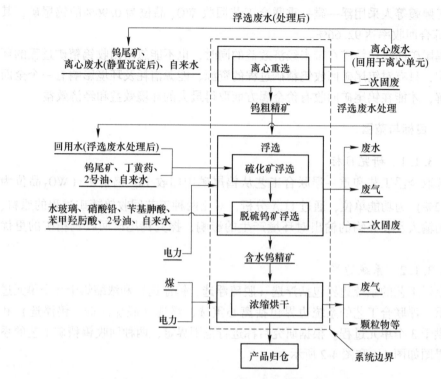

图4-2　重—浮联合工艺回收钨精矿系统边界图

品位为 0.26%，经过离心重选单元富集后得到 WO_3 品位为 0.66%、回收率为 78.60% 的钨粗精矿。该过程涉及给矿浓度、耗水等，根据给矿浓度及离心过程消耗的资源、能源，计算从钨尾矿离心富集得到钨粗精矿过程的环境影响。

全浮工艺的浮选单元中，给矿 WO_3 品位为 0.26%，最后得到 WO_3 品位为 19.58%、回收率为 60.83% 的钨精矿。重—浮联合工艺的浮选单元中，给矿 WO_3 品位为 0.66%，最后得到 WO_3 品位为 22.72%、回收率为 86.18% 的钨精矿。通过投加的浮选药剂、处理浮选废水消耗的试剂及浮选单元消耗的资源、能源来量化浮选单元的环境影响。

浓缩烘干单元是指将浮选得到的钨精矿（含水 80%±1%）利用重力沉降作用进行脱水，而后采用加热蒸发的方法进一步除去水分。浮选单元得到的含水钨精矿经浓缩至含水率为 45%~55%，再经压滤得到含水率为 10%~15% 的钨精矿滤饼，最后通过干燥进一步降低钨精矿的含水率。根据浓缩烘干单元消耗的资源、能源及污染物排放，计算浓缩烘干单元的环境影响。

4.3.1.3　环境影响类型

根据回收钨精矿生产过程对环境影响的特点，选择多种类型环境影响指标进行计算，见表4-18。

表4-18 环境影响指标类型

类别	环境影响指标类型		指标说明
资源输入	PED/MJ	初级能源消耗	能源消耗
	ADP(Sb eq.)/kg	非生物资源消耗	非生物能源消耗
	WU/kg	水资源消耗	水资源消耗
污染物输出	GWP(CO$_2$ eq.)/kg	全球变暖潜值	二氧化碳当量
	AP(H$^+$eq.)/mol	环境酸化潜值	二氧化硫当量
	RI(PM$_{2.5}$ eq.)/kg	可吸入无机物	PM$_{2.5}$当量
	POFP(NMVOC eq.)/kg	光化学臭氧合成	非甲烷挥发性有机物当量
	EP(P eq./N eq.)/kg·kg^{-1}	水体富营养化	磷酸根当量
	ET/CTUe	生态毒性	重金属当量
	HT/CTUh	人体毒性	有机毒物当量

4.3.2 生命周期清单分析

生命周期清单分析是对钨尾矿回收钨精矿过程中的原料消耗、能源消耗及污染物排放数据为基础的量化过程。在钨尾矿回收钨精矿的过程中,向模型里输入对应过程的原料能源消耗、排放废弃物数量,eFootprint 在线分析软件得到的模型可对钨尾矿回收钨精矿过程的环境影响指标进行量化。

以回收 1kg 钨精矿为功能单位,生命周期清单数据来自崇义章源钨业股份有限公司淘锡坑钨矿、广西桂华成有限责任公司,以及国内的相关文献或者实测数据,取具有代表性的数据进行整理。浮选单元产生的废水需要经过处理才可回用于浮选单元。全浮工艺和重—浮联合工艺单元的输入输出清单见表 4-19~表4-23。

表4-19 全浮工艺(浮选单元)LCA 数据清单

类别	清单名称	单位	数量	上游数据来源
物料输入	钨尾矿	kg	135.5	忽略
	回用水(浮选废水处理后)	kg	802.7	实景过程数据
	丁黄药	g	45.17	CLCD 0.8
	2 号油	g	21.61	CLCD 0.8
	水玻璃	g	868.5	CLCD 0.8
	硝酸铅	g	260.5	CLCD 0.8
	苄基肟酸	g	771.6	忽略
	苯甲羟肟酸	g	257.2	忽略
	自来水	kg	17.00	CLCD 0.8

类别	清单名称	单位	数量	上游数据来源
能源输入	电力	kW·h	0.63	CLCD 0.8
污染物输出	钨二次尾矿	kg	141.7	—
	废气（恶臭）	m³	1.17	—
	浮选废水	kg	802.7	—
产品输出	硫化矿	kg	5.74	—
	钨精矿	kg	5.00	—

表 4-20 全浮工艺（浓缩烘干单元）LCA 数据清单

类别	清单名称	单位	数量	上游数据来源
物料输入	钨精矿（含水 80%±1%）	kg	5.00	实景过程数据
能源输入	电力	kW·h	0.04	CLCD 0.8
	煤	kg	0.44	CLCD 0.8
污染物输出	废气（水蒸气等）	m³	2.60	—
	颗粒物	mg	30.56	—
	二氧化硫	mg	5.94	—
	氮氧化物	mg	1.19	—
产品输出	钨精矿（含水 1% 以下）	kg	1.00	—

表 4-21 重—浮联合工艺（离心重选单元）LCA 数据清单

类别	清单名称	单位	数量	上游数据来源
物料输入	钨尾矿	kg	184.8	忽略
	自来水	kg	18.03	CLCD 0.8
能源输入	电力	kW·h	1.33	CLCD 0.8
污染物输出	钨二次尾矿	kg	140.3	
产品输出	钨粗精矿	kg	62.54	

表 4-22 重—浮联合工艺（浮选单元）LCA 数据清单

类别	清单名称	单位	数量	上游数据来源
物料输入	钨粗精矿	kg	62.54	实景过程数据
	浮选废水（处理后）	kg	290.9	实景过程数据
	丁黄药	g	17.09	CLCD 0.8
	2 号油	g	8.19	CLCD 0.8
	水玻璃	g	325.1	CLCD 0.8

类别	清单名称	单位	数量	上游数据来源
物料输入	硝酸铅	g	97.52	CLCD 0.8
	自来水	kg	15.04	CLCD 0.8
	苄基胂酸	g	292.6	忽略
	苯甲羟肟酸	g	3.69	忽略
能源输入	电力	kW·h	0.33	CLCD 0.8
污染物输出	钨二次尾矿	kg	58.24	—
	废气（恶臭）	m³	1.17	—
	浮选废水	kg	290.9	—
产品输出	硫化矿	kg	3.08	—
	钨精矿（含水 80%±1%）	kg	5.00	—

表 4-23　重—浮联合工艺（浓缩烘干单元）LCA 数据清单

类别	清单名称	单位	数量	上游数据来源
物料输入	钨精矿（含水 80%±1%）	kg	5.00	实景过程数据
能源输入	电力	kW·h	0.04	CLCD 0.8
	煤	kg	0.44	CLCD 0.8
污染物输出	废气	m³	2.60	—
	颗粒物	mg	30.56	—
	二氧化硫	mg	5.94	—
	氮氧化物	mg	1.19	—
产品输出	钨精矿（含水 1%以下）	kg	1.00	—

　　浮选废水处理过程所需试剂包括：脱稳剂（石灰）、絮凝剂（聚合氯化铝）和吸附剂（活性炭），处理 1000kg 浮选废水所消耗的药剂量见表 4-24。

表 4-24　浮选废水处理过程输入输出清单

类别	清单名称	单位	数量	上游数据来源
物料输入	浮选废水	kg	1000.0	实景过程数据
	石灰	g	600.0	CLCD 0.8
	聚合氯化铝	g	16.00	CLCD 0.8
	活性炭	g	200.0	忽略
能源输入	电力	kW·h	0.46	CLCD 0.8
产品输出	回用水（浮选废水处理后）	kg	1000.0	—

在重—浮联合工艺中，经过离心重选单元，进入浮选单元的矿浆量减少，使得浮选单元的浮选药剂消耗大幅减少，产生的浮选废水量也大幅减少，处理浮选废水所消耗的药剂量也相应地减少。

4.3.3　生命周期影响评价

对收集到的数据进行整理，利用 eFootprint 软件进行建模，计算回收 1kg 钨精矿的环境影响，选取 PED、ADP、WU 等 10 个环境影响指标量化回收钨精矿过程的环境影响，全浮工艺和重—浮联合工艺的 LCA 结果见表4-25。

表4-25　全浮工艺和重—浮联合工艺 LCA 结果

环境影响指标类型		LCA 结果	
		全浮工艺	重—浮联合工艺
PED/MJ	初级能源消耗	4.7×10	4.2×10
ADP(Sb eq.)/kg	非生物资源消耗	3.4×10^{-6}	2.3×10^{-6}
WU/kg	水资源消耗	3.8×10	2.9×10
GWP(CO$_2$ eq.)/kg	全球变暖潜值	3.0	2.5
AP(H$^+$ eq.)/mol	环境酸化潜值	2.1×10^{-2}	1.5×10^{-2}
RI(PM$_{2.5}$ eq.)/kg	可吸入无机物	7.8×10^{-3}	4.9×10^{-3}
POFP(NMVOC eq.)/kg	光化学臭氧合成	1.8×10^{-3}	1.2×10^{-3}
EP(P eq./N eq.)/kg · kg^{-1}	水体富营养化	2.7×10^{-3}	1.5×10^{-3}
ET/CTUe	生态毒性	5.7×10^{-2}	2.5×10^{-2}
HT/CTUh	人体毒性	1.1×10^{-8}	5.0×10^{-9}

由表4-25 可以看出，重—浮联合工艺回收钨精矿的环境影响比全浮工艺大幅降低。对比全浮工艺与重—浮联合工艺回收 1kg 钨精矿的 LCA 结果，得到图4-3。

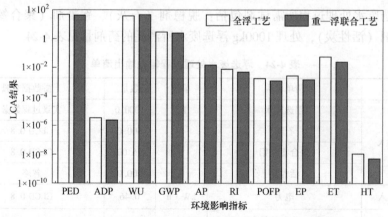

图4-3　全浮工艺和重—浮联合工艺 LCA 数据对比图

由图 4-3 分析可得, 两种工艺回收 1kg 钨精矿过程中, GWP、WU 和 PED 的 3 个环境影响数值均较大, 特别是 PED 的环境影响数值最为显著, 而 ADP、AP 和 POFP 等 7 个环境影响数值较小, 因此回收钨精矿的 LCA 分析重点应聚焦 GWP、WU 和 PED 等 3 个环境影响指标。对全浮工艺的浮选单元和浓缩烘干单元的 LCA 结果贡献进行分析, 结果如图 4-4 (a) 所示。对重—浮联合工艺的离心重选单元、浮选单元及浓缩烘干单元的 LCA 结果贡献进行分析, 结果如图 4-4 (b) 所示。

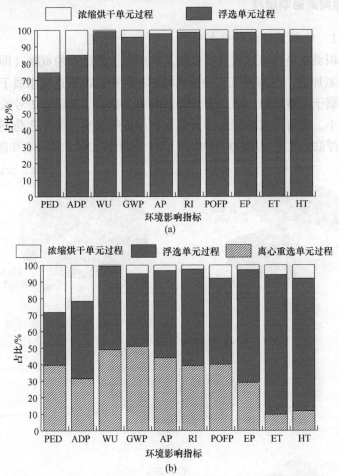

图 4-4 全浮工艺 (a) 和重—浮联合工艺 (b) 的单元环境影响占比

由图 4-4 (a) 可知, 各项指标贡献最大的是浮选单元, 其在 PED、ADP、WU、GWP、AP、RI、POFP、EP、ET 和 HT 中的占比分别为 74.50%、84.98%、99.17%、95.67%、97.68%、98.48%、94.50%、98.41%、97.46% 和 96.28%。由图 4-4 (b) 可知, 浮选单元各项指标除 PED、GWP 占比小于离心重选单元之外, 其余都是占比最大的影响较大, 其在 ADP、WU、GWP、AP、RI、POFP、

EP、ET 和 HT 中的占比分别为 46.85%、50.31%、43.94%、52.63%、58.27%、51.96%、68.17%、84.43% 和 80.04%，离心重选单元在 GWP 中占比为 50.83%。增加了离心重选单元之后，浮选单元的影响占比减小，主要原因是经过离心重选单元，进入浮选单元的矿浆量减少，使得浮选单元的浮选药剂消耗减少，因而浮选单元的各项指标数据减少。

4.3.4 生命周期影响解释

4.3.4.1 过程累计贡献分析

过程累积贡献是指该过程直接贡献及其所有上游过程的贡献（即原料消耗所有贡献）的累加值。在两种工艺回收钨精矿过程中，因重选废水属于上游循环利用，钨尾矿属于上游废物，故二者环境影响可忽略；丁黄药、2 号油等单一浮选药剂影响较小，故将浮选单元所涉及的 6 种浮选药剂整合为浮选药剂表示，全浮工艺及重—浮联合工艺在 PED、WU 和 GWP 的累计贡献如图 4-5 和图 4-6 所示。

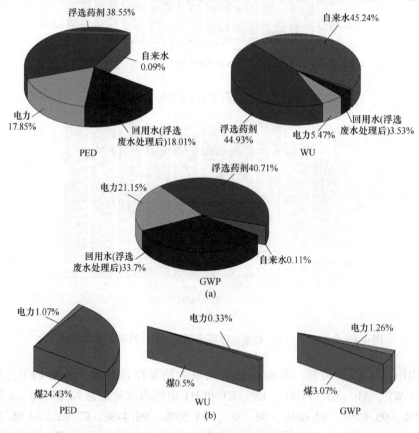

图 4-5 全浮工艺 LCA 累计贡献占比

（a）浮选单元过程；（b）浓缩烘干单元过程

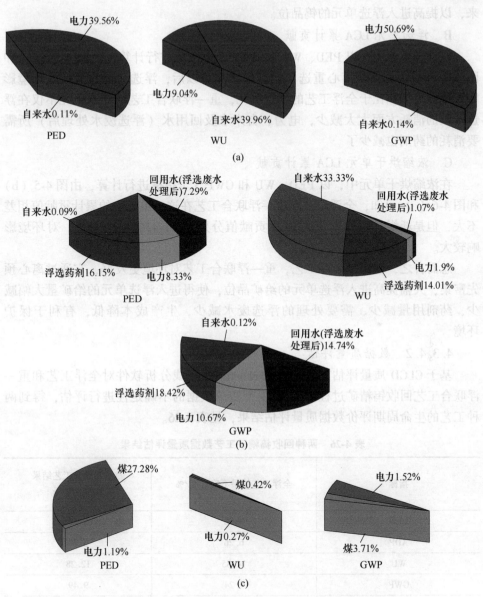

图 4-6 重—浮联合工艺 LCA 累计贡献占比
（a）离心重选单元过程；（b）浮选单元过程；（c）浓缩烘干单元过程

A 离心重选单元的 LCA 累计贡献

在离心重选单元中，以 PED、WU 和 GWP 3 个指标进行计算，由图 4-6 （a）可知，电力对 PED 及 GWP 的贡献值最高，分别是 39.56% 和 50.69%，自来水对 WU 的贡献值最高，为 39.96%。在这一单元，离心机将较重的钨粗精矿富集起来，以提高进入浮选单元的钨品位。

B 浮选单元 LCA 累计贡献

在浮选单元中，以 PED、WU 和 GWP 3 个指标进行计算，由图 4-5（a）和图 4-6（b）可知，经离心重选单元富集钨品位以后，浮选药剂的消耗的环境影响大幅减少。相比于全浮工艺的浮选单元，重—浮联合工艺的浮选单元不仅在浮选药剂的消耗方面大大减少，电力、自来水及回用水（浮选废水处理后）所需要消耗的药剂也减少了。

C 浓缩烘干单元 LCA 累计贡献

在浓缩烘干单元中，以 PED、WU 和 GWP 3 个指标进行计算，由图 4-5（b）和图 4-6（c）可知，全浮工艺和重—浮联合工艺在这一单元中的累计贡献值相差不大，但是耗煤对两种工艺的 PED 贡献值分别是 24.43%、27.48%，对环境影响较大。

总而言之，相比于全浮工艺，重—浮联合工艺对环境更友好，它通过离心预先富集，大幅提高进入浮选单元的给矿品位，使得进入浮选单元的给矿量大幅减少，药剂用量减少、需要处理的浮选废水减少，生产成本降低，有利于保护环境。

4.3.4.2 数据质量评估

基于 CLCD 质量评估方法，采用 eFootprint 在线分析软件对全浮工艺和重—浮联合工艺回收钨精矿过程的 LCA 模型清单数据的不确定性进行评估，得到两种工艺的生命周期评价数据质量评估结果，见表 4-26。

表 4-26 两种回收钨精矿工艺数据质量评估结果

指标	全浮工艺结果不确定度/%	重—浮联合工艺结果不确定度/%
PED	9.98	9.57
ADP	6.26	6.74
WU	14.85	12.28
GWP	9.24	9.49
AP	11.00	7.42
RI	13.57	9.41
POFP	7.82	6.75
EP	14.65	9.40
ET	8.13	5.02
HT-cancer	15.27	9.35
HT-non cancer	7.01	4.13

由表 4-26 可知，全浮工艺数据质量的不确定度在 16%以内，重—浮联合工艺数据质量的不确定度在 13%以内。从基础数据来源、引用数据的年份、样本大小、各项技术类型的差异等角度考虑，全浮工艺以及重—浮联合工艺的数据质量的不确定度浮动偏差属于正常范围，数据具有参考价值。

4.3.5　改进分析

与全浮工艺对比，重—浮联合工艺不仅在回收率和经济效益方面胜出，在浮选药剂的消耗方面大大减少，电力、自来水及回用水（浮选废水处理后）所需要消耗的药剂也减少了，因此回收钨精矿过程的环境影响大幅降低。所以应合理选择钨尾矿回收钨精矿工艺，实现经济效益和环境效益双赢。

在重—浮联合工艺离心重选单元中，电力对 PED 及 GWP 的贡献值最高，为了减少电力的环境影响，可使用水电、核电等清洁能源。

在重—浮联合工艺浓缩烘干单元中，煤耗对 PED 贡献值较大。为了减少燃煤的环境影响，可以使用太阳能、风能等其他清洁能源。

4.4　钨二次尾矿蒸压加气混凝土生产过程 LCA

由 4.2 节可知，有些钨尾矿具备石英回收价值。在钨尾矿回收钨精矿后的二次尾矿其石英含量大幅提高，可用于建材行业，如制备水泥、微晶玻璃、砖、混凝土掺合料等。

本节以钨二次尾矿作为研究对象。在钨二次尾矿资源化过程中会消耗电力、天然气等能源，生产过程中也会产生一定量的颗粒物、废气等，对大气环境会造成较大的影响。只有对钨二次尾矿蒸压加气混凝土生产过程的资源、能源消耗及环境影响有一个全面的了解，才能在钨二次尾矿资源化方面取得最大的环境效益和经济效益。采用亿科 eFootprint 在线分析软件，对传统蒸压加气混凝土生产及钨二次尾矿蒸压加气混凝土生产 LCA 进行对比，探究对环境更加友好的方案。

4.4.1　目标与范围

4.4.1.1　研究目标

以生产 1m³ A3.5 型蒸压加气混凝土为功能单位，清单数据采用 2020 江西某绿色建材企业生产蒸压加气混凝土实际数据。

4.4.1.2　系统边界

传统蒸压加气混凝土和钨二次尾矿蒸压加气混凝土生产的生命周期系统边界

是从物料开采到产品入仓，主要过程分为粉磨搅拌、浇筑成型和蒸压养护 3 个部分，根据研究的目标进行范围界定，两种蒸压加气混凝土生产的系统边界如图 4-7 和图 4-8 所示。

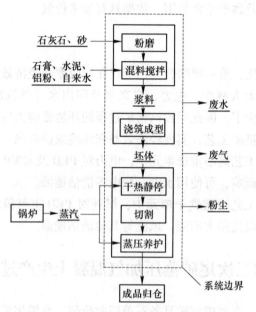

图 4-7　传统蒸压加气混凝土生产系统

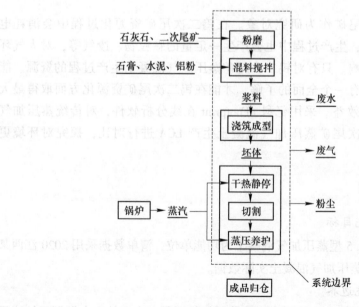

图 4-8　钨二次尾矿蒸压加气混凝土生产系统

　　粉磨单元中将原料投到球磨机球磨，粉碎后烘干，最后混料制浆。其中，传统蒸压加气混凝土配比为水泥∶石灰石∶砂∶石膏＝15%∶25%∶56%∶4%，固液比为0.65；钨二次尾矿蒸压加气混凝土配比为水泥∶石灰石∶钨二次尾矿∶石膏＝12%∶20%∶64%∶4%，固液比为0.55。该过程根据原料投加及粉磨单元消耗的资源、能源，计算粉磨单元造成的环境影响。

　　浇筑成型单元将上一单元得到的浆料掺加发泡剂（铝粉）倒入所需模具，干热静停成型，由蒸压养护单元产生的余热干燥。该过程根据浇筑静停单元消耗的能源，计算制胚及干燥单元造成的环境影响。

　　蒸压养护单元是将上一单元得到的坯体切割后，投到蒸压釜中进行水化反应，原料石灰石中CaO与钨二次尾矿/砂中的SiO_2和Al_2O_3反应，生成能增加蒸压加气混凝土强度的水化产物，同时石灰石水化过程中放出的热量还可以促使坯体硬化。锅炉为蒸压釜提供热能，消耗的能源是天然气。根据蒸压养护单元消耗的资源、能源及污染物排放，计算蒸压养护单元造成的环境影响。

4.4.1.3　环境影响类型

　　根据蒸压加气混凝土生产过程对环境影响的特点，选择10种类型环境影响指标进行计算，见表4-27。

表4-27　环境影响指标类型

类别	环境影响指标类型	指标说明
资源输入	PED/MJ	初级能源消耗	能源消耗
	ADP(Sb eq.)/kg	非生物资源消耗	非生物能源消耗
	WU/kg	水资源消耗	水资源消耗
污染物输出	GWP(CO_2 eq.)/kg	全球变暖潜值	二氧化碳当量
	AP(H^+ eq.)/mol	环境酸化潜值	二氧化硫当量
	RI($PM_{2.5}$ eq.)/kg	可吸入无机物	$PM_{2.5}$当量
	POFP(NMVOC eq.)/kg	光化学臭氧合成	非甲烷挥发性有机物当量
	EP(P eq./N eq.)/kg·kg^{-1}	水体富营养化	磷酸根当量
	ET/CTUe	生态毒性	重金属当量
	HT/CTUh	人体毒性	有机毒物当量

4.4.2　生命周期清单分析

　　以生产$1m^3$蒸压加气混凝土为功能单位，传统蒸压加气混凝土生产的资源消耗和排放清单数据来自贵州省建材科研设计院有限责任公司、《蒸压加气混凝土砌块配合比与生产配方精选》及国内的相关文献或者实际测量数据；钨二次尾矿蒸压加气混凝土生产的资源消耗和排放清单来自四川宏量基筑建材有限公司、国内相关文献或者实际测量数据。两种蒸压加气混凝土生产过程输入输出清单列表见表4-28~表4-33，砂和钨二次尾矿运输清单见表4-34。

表4-28　传统蒸压加气混凝土（粉磨搅拌单元）LCA 数据清单

类别	清单名称	单位	数量	上游数据来源
物料输入	砂	kg	302.4	CLCD 0.8
	水泥	kg	81.00	CLCD 0.8
	石灰石	kg	135.0	CLCD 0.8
	石膏	kg	21.60	CLCD 0.8
	自来水	kg	351.0	CLCD 0.8
能源输入	电力	kW·h	9.50	CLCD 0.8
污染物输出	废气	m³	68.52	
	总颗粒物	mg	868.7	
产品输出	蒸压加气混凝土浆料	kg	891.0	

表4-29　传统蒸压加气混凝土（浇筑成型单元）LCA 数据清单

类别	清单名称	单位	数量	上游数据来源
物料输入	混凝土浆料	kg	891.0	实景过程数据
	铝粉	kg	0.76	CLCD 0.8
能源输入	电力	kW·h	3.00	CLCD 0.8
污染物输出	废气	m³	46.06	
	总颗粒物	mg	584.0	
产品输出	混凝土坯体	kg	599.0	

表4-30　传统蒸压加气混凝土（蒸压养护单元）LCA 数据清单

类别	清单名称	单位	数量	上游数据来源
物料输入	混凝土坯体	kg	599.0	实景过程数据
物料输入	天然气	m³	7.67	CLCD 0.8
	蒸汽	kg	95.88	CLCD 0.8
	废气	m³	128.8	CLCD 0.8
污染物输出	总颗粒物	mg	585.0	—
	二氧化硫	mg	46.02	
	废水	kg	7.56	
	氮氧化物	mg	12.17	
产品输出	蒸压加气混凝土砌块	kg	600.0	

表 4-31 钨二次尾矿蒸压加气混凝土（粉磨搅拌单元）LCA 数据清单

类别	清单名称	单位	数量	上游数据来源
物料输入	钨二次尾矿	kg	345.6	忽略
	水泥	kg	64.80	CLCD 0.8
	石灰石	kg	108.0	CLCD 0.8
	石膏	kg	21.60	CLCD 0.8
	自来水	kg	297.0	CLCD 0.8
能源输入	电力	kW·h	9.00	CLCD 0.8
污染物输出	废气	m³	64.37	—
	总颗粒物	mg	816.1	—
产品输出	混凝土浆料	kg	837.0	—

表 4-32 钨二次尾矿蒸压加气混凝土（浇筑成型单元）LCA 数据清单

类别	清单名称	单位	数量	上游数据来源
物料输入	混凝土浆料	kg	837.00	实景过程数据
	铝粉	kg	0.76	CLCD 0.8
能源输入	电力	kW·h	3.00	CLCD 0.8
污染物输出	废气	m³	46.06	—
	总颗粒物	mg	584.03	—
产品输出	混凝土坯体	kg	599.00	—

表 4-33 钨二次尾矿蒸压加气混凝土（蒸压养护单元）LCA 数据清单

类别	清单名称	单位	数量	上游数据来源
物料输入	混凝土坯体	kg	599.0	实景过程数据
能源输入	天然气	m³	7.67	CLCD 0.8
	蒸汽	kg	95.88	CLCD 0.8
污染物输出	废气	m³	128.8	—
	总颗粒物	mg	585.0	—
	二氧化硫	mg	46.02	—
	废水	kg	7.56	—
	氮氧化物	mg	12.17	—
产品输出	蒸压加气混凝土砌块	kg	600.0	—

表 4-34　砂和钨二次尾矿运输清单

物料名称	净重/kg	起点	终点	运输距离/km	运输类型
砂	305.40	砂厂	蒸压加气混凝土厂	15	货车运输（10t）-柴油
钨二次尾矿	345.60	尾矿库	蒸压加气混凝土厂	30	货车运输（10t）-柴油

注：运输数据上游数据来源均来自 CLCD 数据库。

4.4.3　生命周期影响评价

对收集到的数据进行整理，利用 eFootprint 软件进行建模，计算生产 $1m^3$ 蒸压加气混凝土产生的环境影响，选取 PED、ADP、WU 等 10 个环境影响指标来量化生产过程的环境影响，得到的 LCA 结果见表 4-35。

表 4-35　传统蒸压加气混凝土和钨二次尾矿蒸压加气混凝土 LCA 结果的数据比较

环境影响指标类型		LCA 结果	
		传统蒸压加气混凝土	钨二次尾矿蒸压加气混凝土
PED/MJ	初级能源消耗	$1.0×10^3$	$9.5×10^2$
ADP（Sb eq.）/kg	非生物资源消耗	$8.9×10^{-5}$	$8.5×10^{-5}$
WU/kg	水资源消耗	$3.0×10^3$	$5.3×10^2$
GWP（CO_2 eq.）/kg	全球变暖潜值	$1.1×10^2$	$9.6×10$
AP（H^+ eq.）/mol	环境酸化潜值	$4.0×10^{-1}$	$3.2×10^{-1}$
RI（$PM_{2.5}$ eq.）/kg	可吸入无机物	$2.1×10^{-1}$	$1.9×10^{-1}$
POFP（NMVOC eq.）/kg	光化学臭氧合成	$1.3×10^{-1}$	$1.2×10^{-1}$
EP（P eq./N eq.）/kg·kg^{-1}	水体富营养化	$4.2×10^{-2}$	$3.2×10^{-2}$
ET/CTUe	生态毒性	$2.6×10^{-1}$	$2.4×10^{-1}$
HT/CTUh	人体毒性	$5.2×10^{-8}$	$4.7×10^{-8}$

从表 4-35 可以看出，传统蒸压加气混凝土砌块生产与钨二次尾矿蒸压加气混凝土砌块生产对比，前者的环境影响都比后者高。

对比两种蒸压加气混凝土生产过程 LCA 结果，得到图 4-9。由图 4-9 可知，钨二次尾矿的利用减少了 GWP、EP、ET 和 HT 方面的环境影响，两种蒸压加气混凝土生产过程都在 GWP、WU 和 PED 三个方面对环境的影响较大，而在 ADP、AP 和 POFP 等七个方面对环境的影响较小。

传统蒸压加气混凝土生产单元过程中的环境影响如图 4-10 所示。由图 4-10 可知，在传统蒸压加气混凝土生产的粉磨搅拌单元除 PED、ADP 和 RI 比蒸压养护过程占比小之外，其他环境影响占比都是最高的，在 PED、ADP、WU、GWP、ODP、AP、RI、POFP、EP、ET 和 HT 的影响占比分别为 45.37%、34.54%、

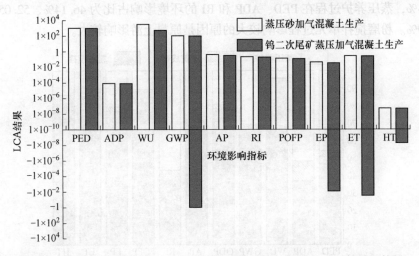

图 4-9 传统蒸压加气混凝土和钨二次尾矿蒸压加气混凝土 LCA 结果比较图

75.47%、61.69%、79.02%、62.20%、37.71%、84.22%、72.77%、81.36% 和
81.12%，蒸压养护过程在 PED、ADP 和 RI 的环境影响占比分别是 50.05%、
54.45% 和 63.24%。

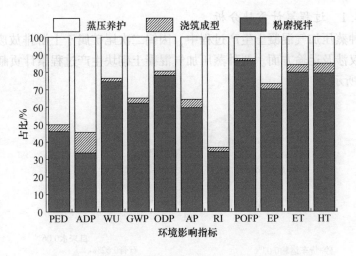

图 4-10 传统蒸压加气混凝土生产过程中的环境影响

钨二次尾矿蒸压加气混凝土生产单元过程环境影响如图 4-11 所示，由图 4-11
可知，钨二次尾矿蒸压加气混凝土生产的粉磨搅拌单元过程除 ADP 和 RI 比蒸压养
护过程占比小之外，其他环境影响占比都是最高的，在 PED、ADP、WU、GWP、
ODP、AP、RI、POFP、EP、ET 和 HT 的影响占比分别为 49.98%、35.62%、
94.61%、65.10%、76.21%、66.50%、39.31%、89.37%、74.09%、81.67% 和

81.23%，蒸压养护过程在 PED、ADP 和 RI 的环境影响占比为 46.14%、52.05% 和 57.09%。粉磨搅拌单元过程影响较大的原因是原料上游影响较大。

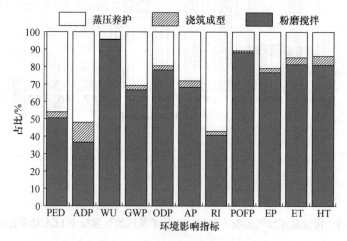

图 4-11　钨二次尾矿蒸压加气混凝土生产过程中的环境影响

4.4.4　生命周期影响解释

4.4.4.1　过程累计贡献分析

在两种蒸压加气混凝土生产过程中，因钨二次尾矿属于上游排放废物，故其环境影响仅涉及运输方面。两种蒸压加气混凝土砌块生产过程累计贡献如图 4-12 和图 4-13 所示。

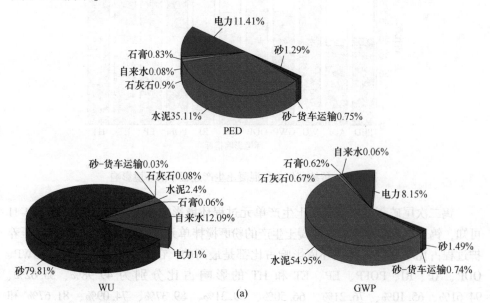

(a)

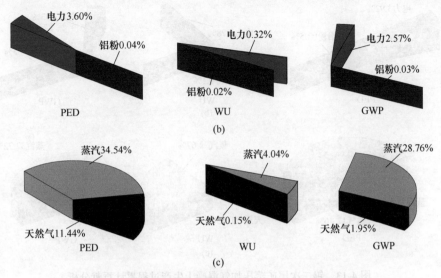

图 4-12　传统蒸压加气混凝土生产过程累计贡献分析
（a）粉磨搅拌单元过程；（b）浇筑成型单元过程；（c）蒸压养护单元过程

A　粉磨搅拌单元 LCA 累计贡献

在粉磨搅拌单元中，以 PED、WU 和 GWP 3 个指标进行计算，由图 4-12（a）和图 4-13（a）可知，传统蒸压加气混凝土生产过程中，水泥对 PED 和 GWP 的贡献值最大，分别为 35.11%、54.95%，砂对 WU 的贡献值最大，占 79.81%；钨二次尾矿蒸压加气混凝土生产过程中，水泥对 PED 和 GWP 的贡献

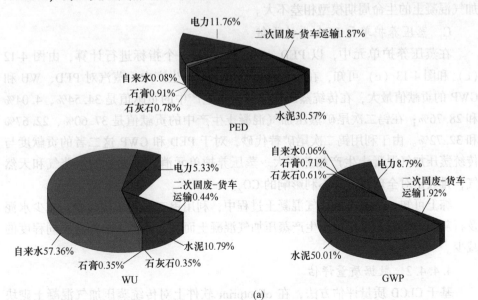

（a）

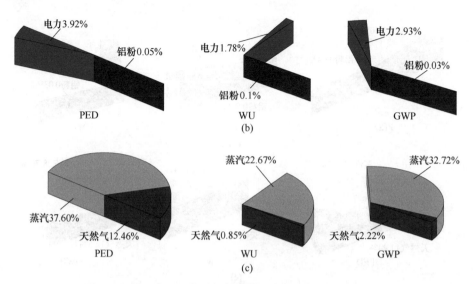

图 4-13　钨二次尾矿蒸压加气混凝土生产过程累计贡献分析

（a）粉磨搅拌单元过程；（b）浇筑成型单元过程；（c）蒸压养护单元过程

值都是最大的，分别是 30.57% 和 50.01%，自来水的消耗对 WU 的贡献值最大，占 57.36%。

B　浇筑成型单元 LCA 累计贡献

在浇筑成型单元中，以 PED、WU 和 GWP 3 个指标进行计算，由图 4-12（b）和图 4-13（b）可知，该单元对 3 项指标的贡献都较小，两种工艺生产蒸压加气混凝土的生命周期模型相差不大。

C　蒸压养护单元 LCA 累计贡献

在蒸压养护单元中，以 PED、WU 和 GWP 3 个指标进行计算，由图 4-12（c）和图 4-13（c）可知，在两种蒸压加气混凝土生产中，蒸汽对 PED、WU 和 GWP 的贡献值最大，在传统蒸压加气混凝土生产中的贡献值是 34.54%、4.04% 和 28.76%；在钨二次尾矿蒸压加气混凝土生产中的贡献值是 37.60%、22.67% 和 32.72%。由于利用钨二次尾矿替代砂，对于 PED 和 GWP 这二者的贡献度与传统蒸压加气混凝土生产相差不大。蒸压养护单元消耗了大量的水蒸气和天然气，排放出对全球气候有不利影响的 CO_2。

综上可知，生产蒸压加气混凝土过程中，利用钨二次尾矿替代砂，减少水泥及石灰石的用量，对比传统生产蒸压加气混凝土而言，环境影响都有不同程度的减少。

4.4.4.2　数据质量评估

基于 CLCD 质量评估方法，在 eFootprint 软件上对传统蒸压加气混凝土砌块生产和钨二次尾矿蒸压加气混凝土砌块生产过程的 LCA 模型清单数据的不确定进行评估，得到两种工艺的数据质量评估结果，见表 4-36。

表 4-36 传统蒸压加气混凝土和钨二次尾矿蒸压加气混凝土 LCA 数据质量评估结果

指标	传统蒸压加气混凝土砌块 结果不确定度/%	钨二次尾矿蒸压加气混凝土砌块 结果不确定度/%
PED	11.96	11.86
ADP	7.77	8.04
WU	18.96	14.65
GWP	13.20	12.84
AP	7.19	7.87
RI	11.92	13.14
POFP	14.24	14.11
EP	9.43	9.07
ET	5.56	5.71
HT-cancer	11.04	11.12
HT-non cancer	3.40	3.43

4.4.5 改进分析

与传统蒸压加气混凝土生产工艺对比，钨二次尾矿蒸压加气混凝土生产工艺减少了砂、水泥等物料的输入，生产过程的环境影响大幅降低，因此钨二次尾矿资源化用于蒸压加气混凝土的生产，可实现经济效益和环境效益双赢。

在钨二次尾矿蒸压加气混凝土生产工艺粉磨搅拌单元中，水泥对 PED 及 GWP 的贡献值最高，主要是由于水泥熟料生产造成 CO_2 的排放，可以考虑碳排放强度低的原料代替石灰质原料，包括电石渣、高炉矿渣、粉煤灰、钢渣等，这些经高温煅烧的废渣中钙质组分以 CaO、Ca(OH)$_2$ 的形式存在，在水泥生产过程不会释放 CO_2。

在钨二次尾矿蒸压加气混凝土生产工艺的蒸压养护单元中，蒸汽对 PED、WU 和 GWP 的贡献值最大，可以考虑提高燃料利用效率，采用生物质作为燃料制备蒸汽；其次可以将清净下水代替自来水作为蒸汽来源，并采用回流的方式将蒸汽循环利用，降低水资源的消耗。

复习思考题

4-1　简述我国钨尾矿的产排特点。

4-2　简述钨尾矿对环境的危害。

4-3　钨尾矿回收钨精矿过程的环境影响（输出）有哪些？

4-4　与全浮工艺相比，重—浮联合工艺回收钨尾矿有哪些优点？

4-5　什么是过程累积贡献分析？请采用该方法，对钨二次尾矿蒸压加气混凝土的粉磨搅拌单元过程展开分析。

5 多源有色冶炼固体废物资源化及其环境影响

随着我国经济及高技术新兴产业飞速发展，有色金属资源需求量越来越大，随之而来的是多源有色冶炼固废堆存量的逐年上涨，这严重制约了生态文明建设发展。因此应加快多源有色冶炼固废的合理处置和资源化利用，以消纳固废、降低环境危害。这一举措可促进江西有色冶炼固废综合利用，一定程度上能缓解资源紧张的状况。多源有色冶炼固废在资源化过程依旧会对环境造成压力，而 LCA 技术可用于分析评估固废资源化过程的环境影响。为探究多源有色冶炼固废资源化利用过程中的环境效益和社会效益，使多源有色冶炼资源化技术更加清洁低碳，运用 LCA 方法量化分析多源有色冶炼固废资源化全过程各阶段资源消耗、污染物排放等，将量化结果纳入多项环境影响指标，经评估分析后为全过程协同和持续改进提供数据、分析方法，为江西省循环经济绿色技术体系的形成提供支持。

5.1 多源有色冶炼固废来源及其危害

5.1.1 多源有色冶炼固废来源

有色金属种类繁多，狭义上是指铁、锰、铬以外所有金属的统称，广义的有色金属还包括有色合金。据国家统计局数据显示，2020 年江西省铜、铝、铅和锌等 10 种有色金属产量高达 202.50 万吨。由于有色金属冶炼工艺多样复杂，冶炼过程发生的化学反应和副反应也比较多，因此有色冶炼固废来源极其广泛，其种类繁多、性质复杂，故称之为多源有色冶炼固废。生产 1.0t 铜约产生 3.0t 铜渣，生产 1.0t 氧化铝约产生 1.5t 赤泥，每年产生的多源有色冶炼固废量达千万吨，若随意堆置而非合理利用，将会对生态环境和人类安全健康造成不良影响。

5.1.2 多源有色冶炼固废的危害

多源有色冶炼固废的危害如下：

（1）侵占土地，降低土地利用效率。有色冶炼固废具有来源广泛、组分高度复杂和金属资源丰富多样等特点，再加上经济投入不足、技术设备水平相对较低，导致我国有色冶炼固废利用难度大，其堆存量远超综合利用量，大量冶炼废渣难以有效资源化而长期处于堆存状态。由图 5-1 可知，在 2015—2019 年间全国产生的有色冶炼固废最高年产量达 3217.50 万吨，加之历年堆存量已达数亿吨。由江西省环境统计年报数据得知，2020 年有色金属冶炼和压延加工业产生的固体废物量达 30.08 万吨，而堆存 1.0 万吨废渣需占用 670 多平方米土地，废渣的长期堆存不可避免会占用大量土地资源，进而降低土地利用效率。

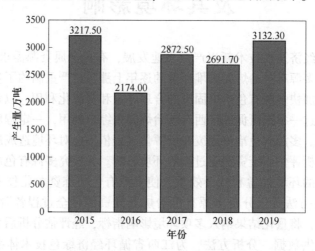

图 5-1   全国有色金属冶炼和压延加工业冶炼固废产生量

（2）污染环境，存在安全隐患。有色冶炼固废堆存造成的污染具有很强的隐蔽性和持久性，并且污染范围广，危害程度严重。长期堆存的冶炼废渣易导致大量扬尘的出现，经散播后污染周围地区大气环境。冶炼固废的随意倾倒或是废渣库防渗处理不当将引发触目惊心的环境问题，2017 年抚州铜冶炼阳极炉除尘灰随意堆放事件，周边生态环境惨遭破坏；2018 年北海冶炼废渣堆填港口事件，附近水域水质受到严重污染；2018 年上海倾倒炉渣灰事故，导致周遭土壤 Cu、Zn 和 Cd 等重金属浓度超标。有色冶炼固废若不进行有效处置，其中含有高迁移性及致癌性的重金属易受风蚀和雨水淋滤释放出来，并伴随地表径流破坏水质，渗入土壤破坏土壤结构，最终危害人类健康。

（3）浪费资源，制约经济发展。多源有色冶炼固废具备废物、资源双重属性，除 As、Cd、Cr 金属外，净化渣、烟尘和各类阳极泥等冶炼废渣中富含 Ga、Re、Ge、Tl、In、Se 和 Te 等在通信、医疗、航空及国防领域应用广泛的稀散金属。这些稀散元素在地壳中的丰度很低，常以分散状态伴生在其他矿物中，极少形成具有单独开采值的矿床，故多源有色冶炼固废可成为回收稀散金属的重要资源。

由图 5-2 可知，2015—2019 年间全国有色冶炼固废综合利用率最高仅 75.60%。据江西省环境统计年报数据显示，该省 2020 年有色金属冶炼和压延加工业的固体废物利用处置量仅占全省固体废物利用处置量的 29.00%，省内冶炼固废未得到有效利用。多源有色冶炼固废不加以合理处置不仅破坏生态环境还浪费大量金属资源，加剧资源短缺压力，甚至制约有色金属工业可持续发展和江西经济绿色转型。

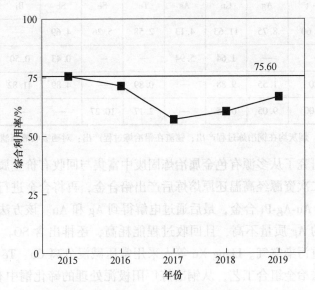

图 5-2　全国有色金属冶炼和压延加工业冶炼固废综合利用率

5.2　多源有色冶炼固废资源化利用现状

多源有色冶炼固废的综合利用思路如下：首先，冶炼废渣中含大量有价金属，能作为二次资源回收金属资源；其次，回收有价金属后产生的二次固废因化学组成和物理性质与建筑材料原料的化学成分相似，可考虑将其作为绿色建材原料综合利用。目前多源有色冶炼固废资源化利用途径主要有回收有价金属、生产建材和充填采空区等。

5.2.1　回收有价金属

Janúbia 等人从工业冶炼废渣中回收铀、钍、稀土元素等，结果表明，在固体含量为 10%、pH 值接近 1.0 的情况下，使用 HCl 作为浸出剂时，钍、铀和稀土元素在溶液中的溶解率分别高达 94.3%、99.0% 和 97.4%。

表 5-1 为各类有色冶炼固废化学组成，可知阳极泥和烟灰均含 As、Pb 等有毒有害元素，但阳极泥中还有含量较高的 Au、Ag 等贵金属和 Te、Se 等稀散金属，烟灰中也含有稀散元素 In；铋渣和酸泥中 Pb 含量较高，铋渣里 Ag、Te、Bi

等高价值金属，铜砷饼和酸泥里的 Te、Se 等稀散金属，这些有价金属均可回收利用，因此多源有色冶炼固废成了有价金属综合回收的重要原料。

表 5-1　各类有色冶炼固废化学组成　　　　　　（％）

种类	Au/g·t^{-1}	Ag	Cu	As	Te	Se	Sb	Bi	Pb	In
阳极泥	3532.60	8.75	11.63	4.13	2.58	5.26	4.69	—	7.24	—
烟灰	—		1.64	5.94	—		0.43	0.50	26.75	0.26
铋渣	6.20	1.55	9.88		0.89		4.89	41.82	25.00	—
酸泥	254.00	9.05	0.25		2.17	10.27			45.38	

注：阳极泥、烟灰均在铜冶炼过程产出；铋渣在铅冶炼过程产出；对硒吸收液压滤后产出酸泥。

有学者研究了从多源有色金属冶炼固废中富集与回收有价金属的技术，采用火法冶金将二次资源经高温还原熔炼后产出铅合金，再将合金进行氧化、熔炼去除 Pb 后获得 Au-Ag-Pt 合金，最后通过电解得到 Ag 和 Au。该方法可回收有价金属，但获得的 Ag 质量不高，且回收过程能耗高，还排出含 SO_2、Pb、As 和 Sb 的烟尘，严重污染空气。Liang Xu 等人采用常压碱浸分离 Cu、Te + 硫酸沉淀二氧化碲的湿法冶金组合工艺，从铜冶炼厂阳极泥处理的碲化铜中有效回收 Te 和 Cu，总 Te 回收率将近 90%。使用酸和碱处理碲化铜渣会产生有毒固体废物，因此 Li 等人运用定向硫化—真空蒸馏法分离提取 Te，从原渣中回收 97.60% 的 Te，Te 纯度高达 96.37%，蒸馏残渣含 Te 量仅为 1.70%，铜全部以硫化物的形式富集在残渣中，品位达到 76.89%，残渣再用于火法炼铜工序回收 Cu。在该工艺中，硫和碲化铜渣在混合压块过程会产生粉尘，硫化产物在真空蒸馏阶段消耗水和电力等能源。

对于多源有色冶炼固废的资源化利用，需要认识其资源性，综合回收冶炼废渣中的有价金属，同样也要关注资源化过程的环境影响，以期实现经济效益和环境效益共赢的目的。采用 LCA 技术对从多源有色冶炼固废中综合回收碲过程的环境影响进行分析，为优化此过程提出改进建议。

5.2.2　生产环保建材

提取有价金属后的多源有色冶炼固废，也称二次固废，其主要由 FeO、Fe_3O_4、SiO_2、Al_2O_3、CaO 和少量 MgO 等组分组成，矿物成分有铁橄榄石（$2FeO \cdot SiO_2$）、磁铁矿（Fe_3O_4）和一些脉石组成的无定型玻璃体。冶炼方法不同产生的固废组成也有所差异，江西某公司浮选铜后铜尾渣化学组成见表 5-2。

表 5-2　含砷铜尾渣化学组成　　　　　　　（%）

成分	TFe	Fe₃O₄	FeO	SiO₂	Al₂O₃	MgO	CaO	K₂O	Na₂O
含量	41.03	10.81	42.69	33.00	3.64	0.68	1.15	1.26	0.42
成分	Cu	ZnO	Pb	As	Sb	Bi	C	S	P
含量	0.25	1.91	0.47	0.30	0.076	0.0036	0.054	5.62	0.042

根据表 5-2，铜尾渣中不仅含有 Fe、Cu 等有价金属，还含有 Pb、As 等有害金属，因铜渣为黑色致密、坚硬的玻璃相，其孔隙率、密度、硬度等物理特性和化学组成与建筑材料中相关原料类似，因此可将其作为环保建材的生产原料，这不仅能有效固定铜渣中的重金属，还能实现固废的综合利用。

5.2.2.1　生产硅酸盐水泥熟料

随着工业化与现代化的深入发展及城市化进程的不断推进，对水泥的需求量也在不断增长，江西省 2015—2020 年水泥产量均在 8800 万吨以上（见图 5-3）。面对庞大的水泥需求量，应加速水泥行业的绿色转型，通过合理的水泥生产链将固废应用到水泥生产中，促进固废资源化，制备更多质量优良的绿色环保建材。

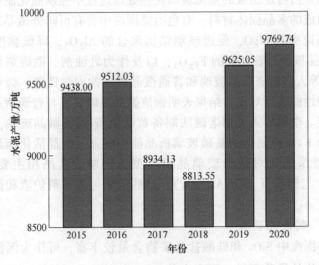

图 5-3　江西省水泥产量

（数据来源：国家统计局）

在水泥工业中，二次固废可以作为生产水泥熟料的矿化剂。二次固废含有较多与硅酸盐水泥熟料主要矿物组分相似的 SiO₂、CaO、Al₂O₃ 和 MgO 等，其颗粒细小均匀，利于破碎粉磨，可代替铁矿石作为水泥熟料生产的矿化剂。从某有色冶炼固废中回收稀散金属后二次固废的化学组成见表 5-3。

表 5-3   回收稀散金属后二次固废化学组成   （%）

成分	烧失量	SiO_2	Al_2O_3	Fe_2O_3	CaO	MgO
固废尾渣	−2.7	33.76	15.88	20.05	21.70	1.28

从表 5-3 可以看出，固废中含量较高的 Fe_2O_3 可与 SiO_2 反应生成熔点较低的硅酸铁，适合作生产水泥熟料的铁质原料，二次固废替代铁粉制备熟料还能降低熟料烧成温度，提高熟料品质，具有能耗少、原料购入成本低的特点。Alp 等人利用铜渣浮选废渣（FWCS）作为铁源生产硅酸盐水泥熟料，结果表明 FWCS 熟料制备的标准砂浆力学性能与工业水泥所需铁矿石熟料的相似，并且 FWCS 熟料制备的砂浆浸出毒性符合生产标准规定要求。乌兰察布中联水泥公司将铜渣作为铁质来源，采用石灰石、硅砂、磁铁尾矿、铜渣、粉煤灰的配料方式制备水泥熟料，替代黏土和石灰石预配料、硅砂、铁粉、粉煤灰的传统配料方式，所得生料易烧性好，烧成耗标煤量平均降低 3.70kg，每年节约 8.00 万吨左右的黏土，经济效益可观。将二次固废掺入水泥熟料生产，不仅有利于水泥行业绿色可持续发展，同时也为固废资源化利用提供更多窗口。

5.2.2.2   生产微晶玻璃

微晶玻璃是由特定组成的基础玻璃在热处理过程中控制晶化制得的大量微晶相及玻璃相组成的多晶固体材料。有色冶炼固废中含有可降低微晶玻璃结晶活化能、加快结晶速率的 MgO，促进玻璃结构聚合的 Al_2O_3，降低黏度和聚合度的 CaO，可作为晶核剂和着色剂的 Fe_2O_3，以及作为乳浊剂、助熔剂和晶核剂的氟化物。Yekta 等人将铜渣微晶玻璃和普通微晶玻璃的力学性能、微观结构、热膨胀系数、耐酸性能进行对比，结果表明铜渣微晶玻璃具有与普通微晶玻璃相似甚至更优的性能。李然等人采用熔融法制备黄磷炉渣-铜渣微晶玻璃，当铜渣和黄磷炉渣之比为 1∶6 时制得的基础玻璃析晶能力最强，析晶活化能最小；并且黄磷炉渣与铜渣添加比对微晶玻璃晶相类型无影响，其晶相主要是镁黄长石（Ca_2MgSiO_7）与钙长石（$Ca_2Al_2SiO_7$），这些结果可为黄磷炉渣和铜渣资源化提供理论指导。

5.2.2.3   制备混凝土

有色冶炼固废中 SiO_2 和硅酸盐类矿物含量较丰富，可作为河沙替代品，是生产混凝土砌块的优质原料。固废中的 SiO_2 在高温蒸压养护过程中与生石灰和水泥水化产物 $Ca(OH)_2$ 发生火山灰反应并产生水化硅酸钙凝胶，使混凝土强度得到提升，而且结构也更为密实。丁银贵等人将回收 Fe、Zn 和 Pb 后的铜二次渣制备蒸压加气混凝土，在铜二次渣∶生石灰∶水泥∶硅石粉∶脱硫石膏质量比为 50∶20∶10∶15∶5、掺入 0.08% 铝粉、水料比为 0.55 的条件下，制得的蒸压加气混凝土抗压强度达 4.17 MPa，绝干密度为 604.86kg/m^3，强度和密度等级分别达到 A3.5、B06 级。

5.2.3　充填采空区

铅锌渣和铜渣等有色冶炼固废中含具有一定胶凝性能和火山灰活性的矿物，对其进行机械粉磨和化学活化后，可作为矿山回填的新型胶凝材料。朱茂兰等人采用高温熔融还原法回收铜渣中的 Fe，并协同铜渣活化制备新型胶凝材料。在石灰、煤炭用量分别为 39g、13g 和 1400℃高温条件下，Fe 回收率高达 89.60%；而 Fe 还原渣经物相重构后制备的胶凝材料 28 天抗压强度达 9.7 MPa，还原渣和尾砂混匀配制的胶凝材料达到矿山充填要求的强度。Wang 等人利用回收 Ni、Cu 后的二次镍渣作为原料制备地下充填胶结剂，镍渣、石灰石、水泥熟料、Na_2SO_4、烟气脱硫石膏、电石渣等原料按 85∶2∶3∶5∶5 配比混匀合成的水泥浆回填材料，其 28 天抗压强度达 7.94 MPa，抗拉强度、抗剪强度分别提高 72%、127%，满足地下矿山用水泥浆回填材料的强度要求。

5.3　多源有色冶炼固废中稀散金属碲可控富集过程 LCA

多源有色冶炼固废的安全处置和高效利用已经成为全球各个国家亟待解决的问题，Cu、Al、Pb、Zn 等有色金属在冶炼过程产生的烟尘和各类阳极泥等多源有色冶炼固废中富含 Ga、Re、Ge、Tl、In、Se 和 Te 等稀散金属，这些冶炼废渣俨然成为二次资源。欧美发达国家大多集中到数家大型资源综合回收企业进行处理，目前已经形成了几个成功可靠的工艺，并且直接冶炼方法的污染物排放满足欧洲最严格的环保标准要求。瑞典波立登、比利时优美科等企业是典型的稀散金属再生资源回收企业，这些企业大部分采用火法熔炼富集和湿法分离回收相结合的工艺，从铅锌烟灰、冶炼副产物等废料中综合回收稀散金属和其他有价金属。

目前，针对国内稀散金属碲回收工艺可以分为三大类：（1）全湿法工艺：主要流程为硒碲物料—氧压浸出分碲—氯化浸出金、银—还原—粗硒；（2）半湿法工艺：主干流程为硒碲物料—焙烧蒸硒—酸/碱浸提碲；（3）火法工艺：主要流程为硒碲物料—火法熔炼/吹炼—湿法分离回收硒、碲。运用火法工艺能从低品位物料中回收稀散金属，该工艺被广泛应用于实际生产中，比如贵溪千盛化工有限责任公司、湖南众兴环保科技有限公司和永兴县东宸有色金属再生利用有限公司等企业均采用此工艺回收有色冶炼渣中的碲。火法工艺基于相似相溶原理，在熔炼/吹炼时低品位物料中的稀散金属被重金属协同捕集，再运用湿法处理稀散金属富集物回收目标金属。其中富氧熔池熔炼技术具有金属回收率高、原料适应性强和自动化程度高等特点，能够综合回收稀散金属资源。

虽然从多源有色冶炼固废中回收有价金属（二次资源）的能耗低于从相应

矿产资源（一次资源）中提取金属，但也不能忽视资源化过程对环境造成的其他压力。运用 LCA 法对火法协同富氧熔池熔炼技术从多源有色冶炼固废中富集 Te 过程的环境影响进行分析，在 eFootprint 软件上建立此过程的 LCA 模型，并对所得的 LCA 结果进行分析，识别该生命周期过程的薄弱环节并提出改善方法。

5.3.1 目标与范围

5.3.1.1 研究目标

从江西多家有色金属冶炼厂收集浸出渣、黑铜泥和铜砷饼等多源有色冶炼固废，采用火法协同富氧熔池熔炼技术从多源有色冶炼固废中富集稀散金属 Te，Te 综合回收率大于 85.00%。功能单位与基准流为处理 1.00t 多源有色冶炼固废。系统边界从原料开采到 Te 粉产出，实景过程范围从原料运输到碲粉产出为止，基准年为 2020 年。

5.3.1.2 系统边界

多源有色冶炼固废中 Te 可控富集过程分为原材料运输阶段、火法工序（配料压团和富氧熔炼）及湿法工序（碱浸、酸浸和电解）3 个单元过程，系统边界如图 5-4 所示。

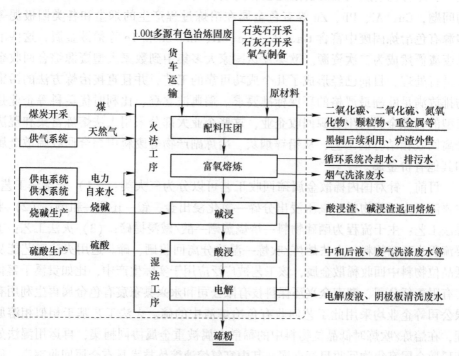

图 5-4 系统边界

Te 粉生产过程消耗的主要原料包括石灰石、石英石、氧气、硫酸和烧碱；

能耗类型为电力、煤、天然气和自来水，电力由电厂输送，天然气经管道接入；污染物基本是在火法工序中产生的废气，包括 CO_2、SO_2、NO_x、Pb、As 和粉尘等，以及火法工序和湿法工序产生的废水。袋式除尘器收集的粉尘和湿法工序中产生的废渣均返回火法系统综合利用。火法工序的副产物黑铜用于后续金银回收，炉渣外售建材化利用，两者不计入系统范围内；厂内固定资产、厂房、人工及设备维护等也不计入研究范围内。

5.3.1.3 环境影响指标

在整个工艺生产过程均有废水排出，火法工序中废水主要是各种设备冷却水，由于是闭式循环水系统，出水水质除温度高外无其他污染物，因此经过设备冷却后大部分冷却水直接回用，少部分排出循环系统。湿法工序中废水主要是中和后液、电解废液和阴极板清洗废水，电解废液产生量少并含重金属离子，交由有相应资质的单位处置；阴极板清洗废水因水质与电解液相似，经沉淀处理即可作电解液补充水用。每处理 1.00t 多源有色冶炼固废共产生 158.00kg 烟尘和废气洗涤废水、循环系统排污水和中和后液，这些废液含悬浮物和重金属离子，采用生石灰—絮凝沉淀—活性炭吸附—反渗透膜工艺加以处理，全过程耗电 0.46kW·h，生石灰、PAC、PAM 和活性炭用量分别为 6.00kg、237.00g、316.00g 和 90.00g，废水经处理达到《污水综合排放标准》（GB 8978—1996）一级标准要求后作为工艺补充水回用，废水处理污泥则交由有相应资质的单位处置。Te 回收过程水资源复用率在 93.00% 以上，新鲜水用量和水损耗量分别为 5.00%、2.00%。

根据多源有色冶炼固废火法协同富氧熔池熔炼技术富集 Te 过程资源消耗和排污情况看，选择对处理 1.00t 多源有色冶炼固废的初级能源消耗、非生物资源消耗、水资源消耗、全球变暖潜值、臭氧层消耗、酸化、可吸入无机物、光化学臭氧合成、富营养化潜值、生态毒性和人体毒性–致癌/非致癌等 12 种环境影响类型指标进行分析，详见表 5-4。

表 5-4 多源有色冶炼固废中 Te 可控富集过程生命周期环境影响指标

指标名称	缩写	单位	相关清单物质
初级能源消耗	PED	kg	硬煤、原油及天然气等一次能源
非生物资源消耗	ADP	kg	铁、铅、铜、金、钛和钒等归整为锑
水资源消耗	WU	kg	淡水、地表水和地下水等
全球变暖潜值	GWP	kg	甲烷、二氧化碳、氧化亚氮等归整为二氧化碳
臭氧层消耗	ODP	kg	四氯化碳、二氟一氯溴甲烷、三氯乙烷、三氟溴甲烷等归整为一氟三氯甲烷
酸化	AP	kg	二氧化硫、氨、氮氧化物、氟化氢等归整为二氧化硫

续表 5-4

指标名称	缩写	单位	相关清单物质
可吸入无机物	RI	kg	氮氧化物、一氧化碳、细颗粒物（$PM_{2.5}$）等归整为 $PM_{2.5}$
光化学臭氧合成	POFP	kg	乙烷、乙烯等归整为非甲烷挥发性有机物
富营养化潜值	EP	kg	氮氧化物、氧化亚氮、二氧化氮等归整为磷酸根离子
生态毒性	ET	CTUe	钡、钴、铍、六价铬离子、二价汞离子等归整为 1,4-二氯苯
人体毒性-致癌/非致癌	HT-cancer/non cancer	CTUh	二氧化硫、氮氧化物、粉尘等归整为 1,4-二氯苯

5.3.1.4　数据质量要求

采用 CLCD 法并符合 CLCD 取舍原则：（1）当原料质量<1%产品质量及含稀贵/高纯度物料质量<0.1%产品质量时，忽略该原料上游生产数据，总共忽略原料总质量不大于 5%；（2）废弃物或低价值废物作原料时不追溯其上游生产过程；（3）生产设备、厂房、生活设施等在大多数情况下可忽略；（4）不忽略已选定环境影响类型范围内的已知排放数据。

采用 CLCD 法作为数据质量评估的方法，对富氧熔池熔炼技术富集碲 LCA 模型里的资源消耗和污染物排放数据从清单数据来源和算法、年份、所在地及技术代表性等四方面加以评估，获取与数据库匹配带来的不确定度，再关联背景数据库基础不确定度后完成清单不确定度评估，运用解析公式法算出不确定度的传递和累积，最终得到富氧熔池熔炼技术富集 Te 过程 LCA 结果不确定度。

5.3.2　生命周期清单分析

5.3.2.1　原材料运输阶段

多源有色冶炼固废包括浸出渣、黑铜泥和铜砷饼等，由厂内货车从江西多家有色金属冶炼厂运输过来，其他原料由厂外负责，不计入系统范围内。原料在厂内由皮带机或斗车输送，不计入运输距离。多源有色冶炼固废运输数据来自企业调研，根据各有色冶炼固废质量与其运输距离间的关系综合考虑得出运输距离，运输信息详见表 5-5。

表 5-5　多源有色冶炼固废运输信息

原材料	净重/t	始发地	目的地	运输距离/km	运输类型
多源有色冶炼固废	1.00	有色金属冶炼厂	稀散金属冶炼厂	87.00	货车运输（30t）-柴油

5.3.2.2　火法工序阶段

浸出渣、铜砷饼、黑铜泥含 Te 量分别为 0.40%、0.05%和 0.02%，其化学组分详见表5-6，以上废渣按37：33：30的比例混合。

表5-6 各有色冶炼固废化学组成 （%）

种类	Cu	As	Te	Se	Fe
浸出渣	0.57	2.44	0.40	7.64	0.15
铜砷饼	1.00	43.93	0.05	0.27	0.12
黑铜泥	37.62	21.69	0.02	—	0.13

火法工序阶段清单数据见表5-7，表中收集了火法工序中物料、能源和污染物输入输出数据，除CO_2外，以上其他数据均来源于江西某有色冶炼固废再生利用厂实际生产年统计资料、各类排放标准。由于企业未对CO_2排放量进行监测，CO_2主要来源于石灰石分解、燃煤和天然气燃烧三个过程，根据化学平衡计算CO_2产生量，如式（5-1）所示。

表5-7 火法工序阶段清单数据

类型	名称	单位	数量
原材料/物料输入	多源有色冶炼固废	t	1.00
	石英石	kg	65.68
	石灰石	kg	6.67
	氧气	m³	316.00
能源输入	电力	kW·h	262.58
	自来水	t	9.35
	天然气	m³	30.83
	煤	kg	100.00
排放物输出	颗粒物	g	192.00
	二氧化碳	kg	393.58
	二氧化硫	kg	2.19
	氮氧化物	kg	0.58
	铅	g	4.37
	砷	mg	80.00
产品输出	烟尘（主产品）	kg	40.00
	黑铜（副产品）	kg	250.00
	炉渣（副产品：二次固废）	kg	420.00

注：Te主要富集于烟尘中。

$$m_{CO_2} = \frac{M_{CO_2}}{M_{CaCO_3}} \times m_{石灰石} \times 90\% + \frac{M_{CO_2}}{M_C} \times m_煤 \times F \times 70\% + m_{天然气} \times H \times 2.7725$$

$$(5-1)$$

式中，m_{CO_2}、$m_{石灰石}$、$m_{煤}$、$m_{天然气}$分别为CO_2总排放量，石灰石、煤炭和天然气消耗量，kg 或 m^3；M_{CO_2}、M_{CaCO_3}、M_C 为 CO_2、$CaCO_3$、C 的摩尔质量，g/mol；F 为煤平均有效氧化系数，$F=0.982$；石灰石（$CaCO_3$）含量取 90%，煤平均含碳量为 70%；H 为天然气折标煤系数，取 1.33kg/m^3，标煤 CO_2 排放因子为 2.7725。

为保证数据来源和研究目标范围一致，石英石开采、石灰石开采、氧气制备、煤炭开采、电力生产、自来水生产、天然气生产，以及 CO_2、SO_2、NO_x、Pb 和 As、粉尘等污染物数据均来自 CLCD-China-ECER 0.8 数据库。多源有色冶炼固废作为特殊的废弃物，按照 CLCD 原则，其生产过程造成的环境负荷由其上一阶段主产品承担，作原料时其上游生产数据可忽略。

Te 集中在烟尘里，该阶段还伴随黑铜和炉渣等副产品的产生，当金银大量富集于黑铜中并且 Te 含量小于 0.015% 时即可停止熔炼，炉渣中 Te 含量忽略不计，分配系数按各废渣含 Te 量在总 Te 中占比情况分配，主产品烟尘占 97.50%，副产品黑铜占 2.50%，炉渣占零。

5.3.2.3　湿法工序阶段

湿法工序是先投加碱性物质脱除烟尘里的铜、硒，再加酸将碲以沉淀形式分离出来，最后电解获得碲粉的过程。湿法工序阶段清单数据见表 5-8，收集了湿法工序中物料、能源和污染物输入输出数据，以上数据来源于江西某有色冶炼固废再生利用厂实际生产年统计资料。为保证数据来源和研究目标范围一致，烧碱、硫酸、电力和自来水生产的数据均来自 CLCD-China-ECER 0.8 数据库中的数据。

表 5-8　湿法工序阶段清单数据

类型	名称	单位	数量
原材料/物料输入	烟尘	kg	40.00
	烧碱	kg	5.90
	硫酸	kg	30.80
能源输入	电力	kW·h	0.06
	自来水	kg	6.00
产品输出	碲粉	kg	1.46

5.3.3　生命周期影响评价

5.3.3.1　特征化结果

从 1.00t 多源有色冶炼固废中富集 Te 过程 LCA 结果如图 5-5 所示。

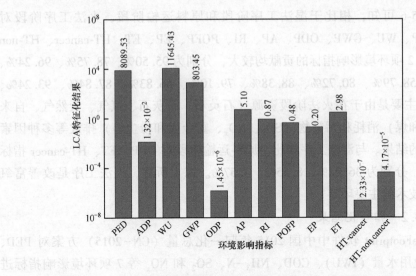

图 5-5 多源有色冶炼固废中 Te 可控富集过程 LCA 特征化结果

从图 5-5 可以看出，该过程对 PED、WU 和 GWP 等指标影响较大，其次是 AP 和 ET 指标，对其他指标的影响相对较小。多源有色冶炼固废本身富含多种金属元素，从冶炼废渣中回收稀散金属的资源化利用过程会伴随其他重金属的迁移和释放，造成环境负担及危害人类健康。结合以上因素考虑，还应重点关注并识别出整个生命周期过程中影响 HT-cancer 和 HT-non cancer 指标的关键流程。

多源有色冶炼固废中 Te 可控富集过程各单元过程累积贡献是由碲富集过程的直接贡献和原材料消耗、能耗等上游过程贡献累加得到，累积贡献占比如图 5-6 所示。

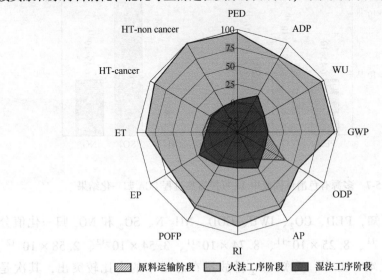

图 5-6 多源有色冶炼固废中 Te 可控富集过程各单元过程的过程累积贡献占比

由图 5-6 可知，相比于湿法工序阶段和原料运输阶段，火法工序阶段对 PED、ADP、WU、GWP、ODP、AP、RI、POFP、EP、ET、HT-cancer、HT-non cancer 等 12 项环境影响指标的贡献均较大，分别为 95.50%、78.75%、96.24%、96.27%、58.79%、80.72%、88.38%、79.10%、66.83%、87.84%、93.24%、99.92%，主要是由于在火法阶段资源（石英石、石灰石、氧气、天然气、自来水、电力和煤）消耗和污染物（SO_2、NO_x、重金属和粉尘等）排放等多种因素综合导致的结果。与湿法工序相比，原料运输阶段对 ODP、ET、HT-cancer 指标影响较大，分别为 36.98%、8.55%、4.57%。综上所述，火法工序是改善富氧熔池熔炼技术的主要环节。

5.3.3.2 归一化结果

采用 eFootprint 软件中国 2015 年归一化总量（CN-2015）方案对 PED、CO_2、工业用水量（IWU）、COD、NH_3-N、SO_2 和 NO_x 等 7 项环境影响指标进行归一化处理，1.00t 多源有色冶炼固废中 Te 可控富集过程 LCA 归一化结果和各清单物质对归一化指标贡献情况分别如图 5-7 和图 5-8 所示。

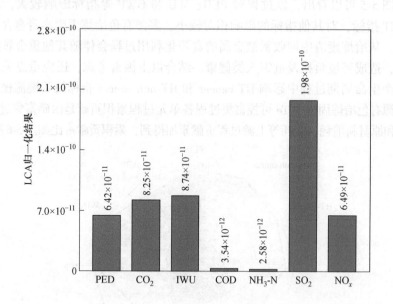

图 5-7　多源有色冶炼固废中 Te 可控富集过程 LCA 归一化结果

据图 5-7 可知，PED、CO_2、IWU、COD、NH_3-N、SO_2 和 NO_x 归一化值分别为 6.42×10^{-11}、8.25×10^{-11}、8.74×10^{-11}、3.54×10^{-12}、2.58×10^{-12}、1.98×10^{-10} 和 6.49×10^{-11}，可知 SO_2 排放量在总量中的占比较突出，其次是 IWU 指标。

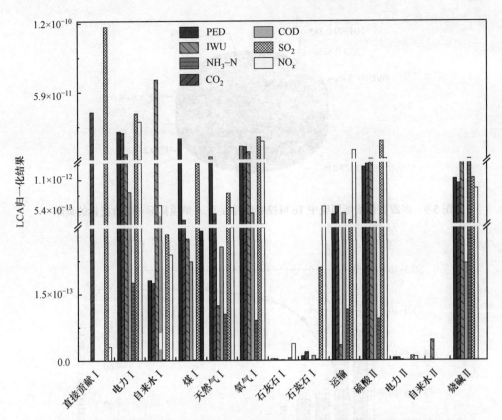

图 5-8 多源有色冶炼固废中 Te 可控富集过程各清单物质对归一化指标贡献情况

（Ⅰ代表清单物质来自火法工序，Ⅱ代表来自湿法工序）

分析图 5-8 可知，在火法工序中电力消耗对 PED、COD 和 NO_x 3 项指标的贡献最大，分别达 2.53×10^{-11}、8.63×10^{-13} 和 3.37×10^{-11}；直接贡献对 CO_2 和 SO_2 的影响最大，分别是 4.19×10^{-11} 和 1.15×10^{-10}。湿法工序中烧碱消耗对 NH_3-N 的贡献最大，高达 1.99×10^{-12}。

5.3.3.3　加权评估

选用"十三五"节能减排综合指标（ECER-135）对归一化结果进行加权求和，从 1.00t 多源有色冶炼固废中富集回收 Te 过程 LCA 单项指标对综合指标的贡献情况和各清单物质对综合指标的贡献情况分别如图 5-9 和图 5-10 所示。

由图 5-9 可看出 SO_2 和 CO_2 排放、PED 和 IWU 对于综合指标的影响偏大，是整个生产过程的重要影响指标，分别为 26.30%、23.23%、21.68% 和 19.24%。

分析图 5-10 得知，火法工序中直接贡献对 ECER-135 的影响较大，为 5.35×10^{-10}（27.09%），其次是电力消耗，达到 5.29×10^{-10}（26.79%），再是自来水消耗，贡献了 3.09×10^{-10}（15.65%），其他物质的贡献偏小。

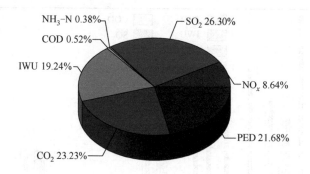

图5-9 多源有色冶炼固废中 Te 可控富集过程 LCA 单项指标对综合指标的贡献

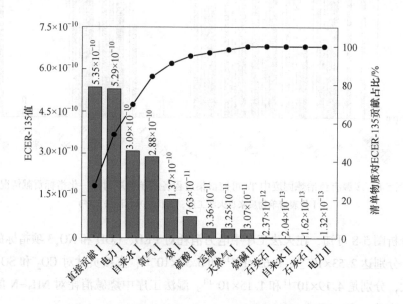

图5-10 各清单物质 ECER-135 指标值的帕累托图分析

5.3.4 生命周期影响解释

5.3.4.1 敏感度分析

从 1.00t 多源有色冶炼固废中富集 Te 过程 LCA 清单数据敏感度如图5-11所示，其中复合环饼图未分解部分包含原材料运输阶段和火法工序，分解部分代表湿法工序。

对于 PED 指标，火法工序中电力消耗和煤炭开采对环境负荷的贡献较大，分别为 39.45% 和 30.10%，其次是贡献了 19.93% 的氧气。

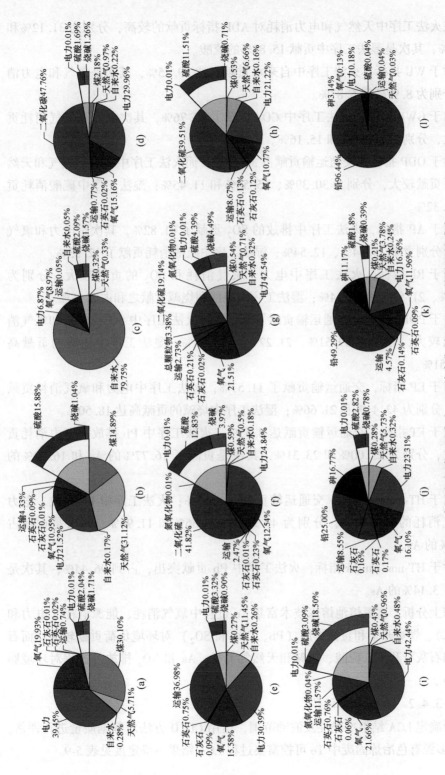

图5-11 多源有色冶炼固废中Te可控富集过程LCA清单数据敏感度

(a) PED; (b) ADP; (c) WU; (d) GWP; (e) ODP; (f) AP; (g) RI; (h) EP; (i) ET; (j) POFP; (k) HT-cancer; (l) HT-non cancer

在火法工序中天然气和电力消耗对 ADP 指标贡献的较高，分别为 31.12% 和 21.52%，其次是湿法工序中贡献 15.88% 的硫酸。

对于 WU 指标，火法工序中自来水贡献高达 79.75%，其次是氧气和电力消耗，分别为 8.97% 和 6.87%。

对于 GWP 指标，火法工序中 CO_2 贡献了 47.76%，其次电力和氧气消耗贡献较大，分别为 29.96% 和 15.16%。

对于 ODP 指标，交通运输贡献占 36.98%；而火法工序中电力、氧气和天然气消耗贡献较大，分别为 30.39%、15.58% 和 11.45%；湿法工序中硫酸消耗贡献占 3.32%。

对于 AP 指标，火法工序中排放的 SO_2 贡献了 41.82%，其次是电力和氧气消耗，分别贡献 24.84%、12.54%；湿法工序中硫酸消耗贡献了 12.83%。

对于 RI 指标，火法工序中电力、氧气消耗和 SO_2 的贡献较大，分别为 42.54%、21.51% 和 19.14%；湿法工序中硫酸和烧碱贡献之和占 8.88%。

对于 POFP 指标，交通运输贡献了 8.67%；火法工序中 SO_2、电力和氧气消耗贡献较大，分别为 39.51%、21.22% 和 10.77%；湿法工序中硫酸的贡献高达 11.51%。

对于 EP 指标，交通运输贡献了 11.57%；火法工序中电力和氧气消耗贡献较大，分别为 42.44% 和 21.66%；湿法工序中烧碱的贡献高达 18.50%。

对于 ET 指标，交通运输贡献达 8.55%；火法工序中 Pb 排放和电力消耗贡献较大，分别为 25.00% 和 23.31%，其次是贡献了 16.77% 的 As 和 16.10% 的氧气。

对于 HT-cancer 指标，交通运输贡献达 4.57%；火法工序中 Pb 排放、电力和氧气消耗的影响偏大，分别为 49.29%、16.36% 和 11.96%，其次是贡献占 11.17% 的 As。

对于 HT-non cancer 指标，火法工序中 Pb 贡献突出，占到 96.44%，其次是贡献了 3.14% 的 As。

综上分析，富氧熔池熔炼技术富集 Te 过程中氧气消耗、能源消耗（电力和自来水）、煤炭开采和直接排放（Pb、CO_2 和 SO_2）对环境负荷贡献较大。而石英石和石灰石开采，硫酸、烧碱和天然气消耗，As 和 NO_x 排放等过程对环境影响较小。

5.3.4.2　数据质量评估

为确定 LCA 结果准确性及波动范围，运用 CLCD 方法对数据质量进行评估。1.00t 多源有色冶炼固废中 Te 可控富集过程 LCA 结果不确定度见表 5-9。

表 5-9　多源有色冶炼固废中 Te 可控富集过程 LCA 结果不确定度

环境影响指标	LCA 结果	不确定度/%	95%置信区间
PED/MJ	8089.5	7.62	$[7.5×10^3,\ 8.7×10^3]$
ADP/kg	$1.3×10^{-2}$	6.18	$[1.2×10^{-3},\ 1.4×10^{-3}]$
WU/kg	11645.4	12.08	$[1.0×10^4,\ 1.3×10^4]$
GWP/kg	803.5	8.84	$[7.3×10^2,\ 8.8×10^2]$
ODP/kg	$1.5×10^{-6}$	4.10	$[1.4×10^{-6},\ 1.5×10^{-6}]$
AP/kg	5.1	4.35	$[4.9,\ 5.3]$
RI/kg	$8.7×10^{-1}$	5.05	$[8.3×10^{-1},\ 9.1×10^{-1}]$
POFP/kg	$4.4×10^{-1}$	4.06	$[4.2×10^{-1},\ 4.6×10^{-1}]$
EP/kg	$2.0×10^{-1}$	7.35	$[1.8×10^{-1},\ 2.1×10^{-1}]$
ET	3.0	3.24	$[2.9,\ 3.1]$
HT-cancer	$2.3×10^{-7}$	4.67	$[2.2×10^{-7},\ 2.4×10^{-7}]$
HT-non cancer	$4.2×10^{-5}$	6.82	$[3.9×10^{-5},\ 4.5×10^{-5}]$

据表 5-9 显示，WU 指标不确定度为 12.08%，主要是由于在火法工序中自来水的消耗，CLCD 中的背景数据代表了行业平均数据并且基准年为 2013 年，与实际代表性差异较大，故传递和积累到 WU 指标上的不确定度偏高。但其他指标不确定度均在 10.00%范围内，从数据的来源、时间、所属地区及样本大小和技术类型等综合因素考虑，多源有色冶炼固废富氧熔池熔炼技术富集碲的 LCA 结果可信。

5.3.5　改进分析

通过对火法协同富氧熔池熔炼技术从多源有色冶炼固废中富集 Te 过程生命周期资源消耗、环境影响展开 LCA 分析，对 12 项环境影响指标在各生命周期阶段进行贡献比较，得出改良此过程的关键单元过程为火法工序阶段，关键流程是氧气、电力和自来水生产、煤炭开采及污染物（Pb、CO_2 和 SO_2）排放。针对火法协同富氧熔池熔炼技术富集多源有色冶炼固废中 Te 过程生命周期资源消耗、环境影响现状，从生产管理、生产过程和政府三方面出发，提出如下绿色改进建议，以推动稀散金属再生资源回收产业链发展。

5.3.5.1　生产管理改善

首先，建立绿色供应商管理制度，对有条件的原料供应企业提出生命周期数据透明共享的需求。对绿色原料生命周期背景数据进行整合，企业可结合多源有色冶炼固废火法协同富氧熔池熔炼技术富集碲过程的生产特点制定出绿色采购标准。其次，注重原料和能源的绿色采购和使用管理，建立健全多源有色冶炼固废资源化过程物料能源平衡体系，帮助管理人员开展绿色采购管理生产车间。

5.3.5.2　生产过程优化

（1）使用优质资源，节省能源。江西省属于煤炭资源调入省，95%以上的煤炭资源由省外调入，并且省内优质煤炭资源相对匮乏。据敏感度分析结果得知，SO_2对环境影响指标贡献较大，因此在煤炭的采购方面应选择热值高、硫分和灰分低的优质煤，降低燃煤时因SO_2释放给环境造成的影响。同时，强化水资源节约利用，加大对再生水的循环使用，进一步减少新水用量。

（2）技术升级。富氧侧吹熔池熔炼技术不仅能有效处理有色冶炼固体废物，在稀贵金属二次资源综合回收上的表现同样突出，能从铅铜冶炼产生的各类低品位多金属废物中富集稀贵金属。该技术具备金属回收率高、自动化程度高的特点，采用氧气通入侧吹炉的熔炼方式有助于煤的充分燃烧。与反射炉、转炉相比，侧吹炉占用的成本相对偏低，具备一定经济优势。但其中冷却水带走热量较多，后续需注重先进技术的研发或引进，以减少这部分热量损失，从而实现能量梯级利用。再是加大高效率低能耗设备的投入使用，降低水资源的损耗。根据火法协同富氧熔池熔炼工艺原理及碲粉生产特点，制定适用 Te 回收的能效提升策略，推动稀散金属碲综合回收产业的绿色化转型升级。

5.3.5.3　政府调控

据《江西统计年鉴 2021》数据显示，江西省火电在总电量中的占比高达76.24%，研究表明火电的环境影响远大于水电、风电、核电和光伏发电，因此政府有关部门应加快电力结构调整，增加清洁能源在多源有色冶炼固废资源化中的使用比例，对于实现节能目标的企业推行奖励制。除此之外，政府还应鼓励投资建设有色冶炼固废综合处理设施，推进有色冶炼固废资源化利用进程。加快完善资源循环利用制度，提升资源高效利用水平，促进江西省循环经济发展。

5.4　多源有色冶炼二次固废复合水泥熟料生产过程 LCA

从 5.3 节可以看出，从多源有色冶炼固废中可控富集稀散金属碲之后，二次固废依然不少。对多源有色冶炼二次固废进行资源化利用是削减固废堆存量、降低环境危害和减少资源消耗的最有效途径。相较于常规硅酸盐水泥熟料的原料，二次固废具有与其相当的组成，因此将多源有色冶炼二次固废资源化用于水泥熟料生产也不失为明智之举。

二次固废掺入硅酸盐水泥熟料的生产过程中，主要污染物类型为气态污染物，在生料原料开采、运输、粉磨、上料、煅烧和混料等一系列工序均会排放大量粉尘颗粒物，尤其在熟料烧制期间产生的粉尘中夹杂着氟化物和重金属等，这些粉尘虽然会经过除尘设备加以处理，但仍有部分未被捕集而以无组织形式逸散到生产车间中。熟料烧结免不了要消耗煤炭资源，燃煤过程会释放大量 CO_2，而颗粒物、SO_2 和 NO_x 等物质排放量也不小，生产工艺设备还会产生循环冷却水、排污水等。以上污染物的排放对周边环境造成严重影响，于人体健康也是一种潜在威胁。

采用 LCA 技术分析二次固废资源化利用过程造成的潜在环境影响，并对此提出改进意见，这对推动江西省水泥行业绿色发展具有重大意义。

5.4.1 水泥熟料生产过程重金属固化机理

二次固废的主要危害包括了重金属污染，江西某冶炼厂二次固废重金属离子含量分析见表 5-10。该二次固废的重金属离子种类较多，铜和铅的含量较高，铅含量略微超标，其他重金属含量均满足固废资源化利用规定的限值要求，可将其用于水泥熟料生产的原料。Cu、Pb、Zn 和 As 等重金属元素在熟料烧结过程中也起到了矿化剂和助熔剂的作用。

表 5-10 二次固废重金属离子含量 （mg/kg）

项目	Cu	Pb	Cd	Ni	Zn	As
二次固废	50.14~80.22	70.19~82.22	1.00	1.00	21.06	2.01
国标规定限值	65.00	67.00	1.00	66.00	361.00	28.00

水泥的放射性污染是建筑材料主要环境污染方式之一，^{226}Ra、^{232}Th 和 ^{40}K 是水泥及原材料污染的 3 种重要标准，占人类接受总剂量的 50%，当人体受到水泥放射性的内外照射并吸入放射性气体会引发各类疾病，因此二次固废制产水泥熟料还要考虑其放射性，见表 5-11。

表 5-11 二次固废的放射性 （Bq/kg）

项目	镭-226	钍-232	钾-40	内照射指数	外照射指数
数值	77.05	41.21	214.89	0.40	0.40
国标规定限值	—	—	—	1.00	1.00

由表 5-11 可知，二次固废的内照射指数和外照射指数均为 0.40，低于国标限值（1.00），符合《建筑材料放射性核素限量》（GB 6566—2010）标准要求，故可将其用于水泥熟料生产。为防止二次固废的污染，将其作为原料生产水泥熟料，把重金属离子固化在建材中。在热处理过程中重金属离子因挥发难易程度及冷凝温度不同，其迁移转换方式也各异。汞、铊等挥发性重金属最终全部进入水泥窑烟气随尾气一同排放；重金属分为挥发性（Pb、Cd）、半挥发性（Zn、Sb和 Se）及难挥发性（Cr、Cu、Ni、As、Mn 和 Co），挥发性和半挥发性重金属大部分附着于窑灰，聚集在收尘系统中；不挥发重金属几乎全部参与熟料烧成固化

于熟料矿物中。目前水泥熟料固化重金属离子主要包括吸附作用、固溶作用两种机理（见图 5-12）。

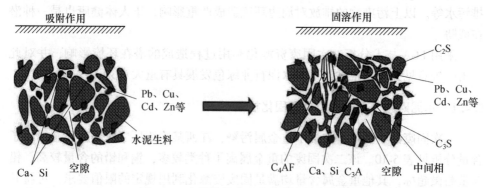

图 5-12　水泥熟料中重金属离子固化机制

（硅酸二钙（C_2S）呈圆粒状；硅酸三钙（C_3S）呈多角形颗粒状或棱柱状；铝酸三钙（C_3A）呈枝杈状、点滴状或四方片状；铁铝酸四钙（C_4AF）呈棱柱或圆粒晶状体）

（1）吸附作用。新型干法水泥窑技术以悬浮预热和预分解技术为核心，悬浮预热分解是将窑内物料堆积态的预热过程转移至悬浮预热器内部，物料悬浮在热气流中与燃料均匀混合，与热烟气的接触面积大幅增加，传热、传质迅速增强。在该过程中烟气中的重金属吸附在生料颗粒及其水化产物的表面，甚至被这些产物包裹。熟料煅烧过程气态金属或其化合物在离开高温区域后经历冷凝过程，当温度低于其冷凝露点时发生金属的同类核化，形成金属颗粒或异相吸附富集在生料表面再次入窑，未被生料捕集的重金属会随烟气排出水泥窑被收尘器收集或进入大气。

（2）固溶作用。在熟料烧成过程中，随生料入窑的重金属在高温下会产生迁移进入到熟料矿物相或在熟料中形成新相，这一过程即重金属的固化。Ni、Cu 和 As 等难挥发性重金属元素大都固化于熟料矿物中，Ni 主要以 Ni-Mg 有机金属化合物形式存在于 C_3A 中，C_3S 和 C_4AF 中较少，其余进入窑灰；CuO 是熟料烧成中常见的矿化剂，Cu 优先固化在铁铝酸盐相中，其次是铝酸盐相，由于半径相近，Cu^{2+} 取代 Fe^{3+} 引起中间相晶格的畸变，提高熟料活性和水化程度，进而提高了氯离子结合能力；As 大部分存在于熟料的中间矿物相中。对于 Pb、Cd 和 Zn 等半挥发性重金属在水泥熟料相中固化率较低，Pb 主要固化在熟料的中间相中，在 C_3S 和 C_2S 中的固化量较少；相较于 Pb，熟料中的 Cd 大部分固化于 C_3S 中，其次分别是 C_3A、C_4AF 和 C_2S；在熟料煅烧过程中 Zn 均匀分布于硅酸盐相和铁酸盐相等中间相中。

基于上述分析，二次固废用于生产熟料既能固化其中的重金属离子，同时还利于熟料的烧成。

5.4.2 目标与范围

5.4.2.1 研究目标

运用 LCA 技术评估二次固废制 1.00t P·O42.5 型水泥熟料过程的环境影响，并在线上的 eFootprint 软件建立此过程的 LCA 模型，再分析其环境效益，并和普通水泥熟料生产工艺 LCA 结果对比，比较两种水泥熟料生产过程各单元过程环境负荷间的差异，再对二次固废复合水泥熟料生产过程进行改进分析。

5.4.2.2 研究范围

以 P·O42.5 型水泥熟料为研究对象，从原料开采到熟料产品出厂，实景过程从原料预处理及配料到出水泥熟料为止，基准年为 2020 年。新型干法在水泥工业工艺中市场份额占比较大，为保证数据质量与研究准确性，采用大型新型干法工艺生产熟料（>4000t/d）。

两种水泥熟料系统边界如图 5-13 和图 5-14 所示。系统包含生料制备（原料开采、原料预处理及配料、生料粉磨和生料均化）和熟料煅烧（包括煤粉制备）两个单元过程，主要原料包括石灰石、页岩、砂岩及铁粉/二次固废；能耗类型为电力、煤和自来水，电力由电厂输送；生料制备过程污染物为颗粒物，熟料煅烧时排放废水、颗粒物、CO_2、SO_2、NO_x、Hg、F 和 NH_3 等；袋式除尘器收集到的粉尘经返料系统全部返回生料均化阶段，工艺产出固废可有效循环利用。厂内固定资产、厂房、人工及设备维护等不计入研究范围内。

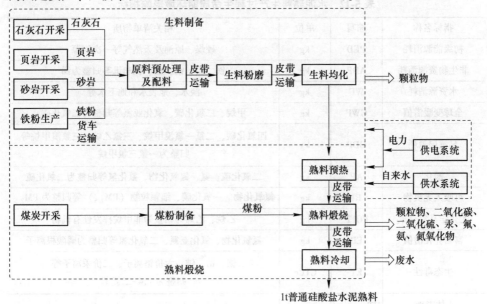

图 5-13 普通硅酸盐水泥熟料生产过程的系统边界

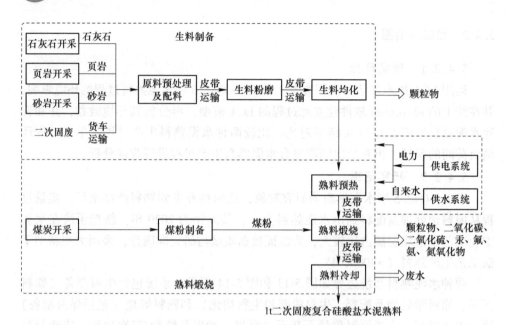

图 5-14   二次固废复合水泥熟料生产过程的系统边界

5.4.2.3   环境影响指标

水泥熟料生产过程生命周期环境影响指标见表 5-12。

表 5-12   水泥熟料生产过程生命周期环境影响指标

指标名称	缩写	单位	相关清单物质
初级能源消耗	PED	kg	硬煤、原油及天然气等一次能源
非生物资源消耗	ADP	kg	铁、铅、铜、金、钛和钒等归整为锑
水资源消耗	WU	kg	淡水、地表水和地下水等
全球变暖潜值	GWP	kg	甲烷、二氧化碳、氧化亚氮等归整为二氧化碳
臭氧层消耗	ODP	kg	四氯化碳、二氟一氯溴甲烷、三氯乙烷、三氟溴甲烷等归整为一氟三氯甲烷
酸化	AP	kg	二氧化硫、氨、氮氧化物、氟化氢等归整为二氧化硫
可吸入无机物	RI	kg	氮氧化物、一氧化碳、细颗粒物（$PM_{2.5}$）等归整为 $PM_{2.5}$
光化学臭氧合成	POFP	kg	乙烷、乙烯等归整为非甲烷挥发性有机物
富营养化潜值	EP	kg	氮氧化物、氧化亚氮、二氧化氮等归整为磷酸根离子
生态毒性	ET	CTUe	钡、钴、铍、六价铬离子、二价汞离子等归整为 1,4-二氯苯
人体毒性-致癌/非致癌	HT-cancer/non cancer	CTUh	二氧化硫、氮氧化物、粉尘等归整为 1,4-二氯苯

5.4.2.4 取舍原则

采用 CLCD 法并研究符合 CLCD 取舍原则：（1）当原料质量<1%产品质量及含稀贵/高纯度物料质量<0.1%产品质量时，忽略该原料上游生产数据，总共忽略原料总质量不大于 5%；（2）废弃物或低价值废物作原料时不追溯其上游生产过程；（3）生产设备、厂房、生活设施等在大多数情况下可忽略；（4）不应忽略已选定环境影响类型范围内的已知排放数据。

采用 CLCD 法作为数据质量评估方法，对水泥熟料 LCA 模型里的资源消耗和污染物排放数据从清单数据来源和算法、年份、所在地及技术代表性等四方面加以评估，获取与数据库匹配带来的不确定度，再关联背景数据库基础不确定度后完成清单不确定度评估，运用解析公式法算出不确定度的传递和累积，最终得到水泥熟料 LCA 结果不确定度。

5.4.3 生命周期清单分析

石灰饱和系数（KH）、硅酸系数（SM）和铝率（IM）是衡量水泥熟料质量的重要指标，计算公式如式（5-2）~式（5-4）所示：

$$KH = \frac{w_{CaO} - 1.65w_{Al_2O_3} - 0.35w_{Fe_2O_3}}{2.80w_{SiO_2}} \tag{5-2}$$

$$SM = \frac{w_{SiO_2}}{w_{Al_2O_3} - w_{Fe_2O_3}} \tag{5-3}$$

$$IM = \frac{w_{Al_2O_3}}{w_{Fe_2O_3}} \tag{5-4}$$

KH、SM 和 IM 的取值范围分别为 0.82~0.94、1.7~2.7 和 0.8~1.7。为保证二次固废的可替代性及控制水泥熟料性能，运用递减试凑法算出两种熟料配比及用量情况，两者 KH、SM 和 IM 等指标误差分别在±0.01、±0.1 和±0.1，要求符合三率值取值范围。表 5-13 为水泥熟料化学组分及配比，计算得到普通硅酸盐水泥熟料 $KH=0.87$、$SM=2.47$ 和 $IM=1.33$，二次固废复合水泥熟料 $KH=0.87$、$SM=2.47$ 和 $IM=1.34$，通过三率值综合确定二次固废对铁粉原料的替代率。

表 5-13　水泥熟料生产原料化学组分分析　　　　　（%）

名称	SiO_2	Al_2O_3	Fe_2O_3	CaO	烧失量	汇总
石灰石	1.42	0.35	0.37	54.78	42.12	99.49
页岩	61.59	17.48	8.96	0.57	6.41	95.74
砂岩	76.79	8.48	5.52	0.74	3.43	95.74
铁粉	12.72	5.51	67.54	4.75	5.45	98.09
二次固废	23.30	6.58	45.95	10.46	-1.90	95.31

水泥熟料化学组分和原料配比情况见表 5-14。

表 5-14　两种水泥熟料化学组分和原料配比　　　　　　（%）

类别	名称	配合比	烧失量	SiO_2	Al_2O_3	Fe_2O_3	CaO
普通硅酸盐水泥熟料	石灰石	78.22	32.95	1.11	0.27	0.29	42.85
	页岩	14.14	0.91	8.71	2.47	1.27	0.08
	砂岩	6.14	0.21	4.71	0.52	0.34	0.05
	铁粉	1.51	-0.03	0.35	0.10	0.69	0.16
	煤灰	23.86	0	0.20	0.16	0.02	0.02
	生料	100	34.03	14.88	3.36	2.59	43.13
	熟料	100	0	22.02	5.09	3.81	63.28
二次固废复合水泥熟料	石灰石	78.22	32.94	1.11	0.27	0.29	42.85
	页岩	14.14	0.91	8.71	2.47	1.27	0.08
	砂岩	6.14	0.21	4.71	0.52	0.34	0.05
	二次固废	1.51	-0.03	0.35	0.10	0.70	0.16
	煤灰	23.86	0	0.20	0.16	0.02	0.02
	生料	100	34.03	14.88	3.36	2.59	43.13
	熟料	100	0	22.02	5.09	3.82	63.27

　　铁粉、二次固废由厂内货车运输，其他原料均由厂外运输且不计入系统范围，原料在厂内由皮带机运输，不计入运输距离。收集了水泥熟料生产过程中各单元过程的物料、能源和污染物输入输出数据，除 CO_2 外，其他数据来源于江西某企业报告、水泥行业清洁生产评价指标体系等。水泥行业通常不监测 CO_2 排放量，CO_2 主要来源于石灰石分解和煤炭燃烧两个过程，根据化学平衡计算其产生量，见式（5-5）。

$$m_{CO_2} = \frac{M_{CO_2}}{M_{CaCO_3}} \times m_{石灰石} \times 90\% + \frac{M_{CO_2}}{M_C} \times m_{煤} \times F \times 70\% \tag{5-5}$$

式中，m_{CO_2}、$m_{石灰石}$、$m_{煤}$ 为 CO_2 总排放量、石灰石和煤消耗量，kg；M_{CO_2}、M_{CaCO_3}、M_C 为 CO_2、$CaCO_3$、C 的摩尔质量，g/mol；F 为煤平均有效氧化系数，$F=0.982$；石灰石 $CaCO_3$ 含量取 90%，煤平均含碳量为 70%。

　　生产中排放的废水、颗粒物、CO_2、SO_2、NO_x、Hg、F 和 NH_3 等污染物，其中废水为循环冷却水排水，水质除水温及浑浊度升高外基本无其他污染。二次固废属于废弃物，遵循 CLCD 原则，其生产过程造成的环境负荷应由其上一阶段主产品承担，作熟料原料时可忽略其上游生产数据。为达到数据来源与研究目标和范围一致，石灰石开采、页岩开采、砂岩开采、铁粉生产、煤开采、电力和自来水生产及直接排放污染物等数据均来自 CLCD-China-ECER 0.8 数据库中的数据。原料运输信息和水泥熟料物质清单分别见表 5-15 和表 5-16。

表 5-15 原材料运输信息

原材料	净重/kg	始发地	目的地	运输距离/km	运输类型
铁粉	21.80	铁矿石市场	水泥熟料厂	30.00	货车运输（10t）-柴油
二次固废	21.80	稀散金属冶金厂	水泥熟料厂	110.00	货车运输（10t）-柴油

表 5-16 两种水泥熟料清单数据

工序	类型	名称	单位	普通硅酸盐水泥熟料	二次固废复合水泥熟料
生料制备	原材料/物料输入	石灰石	kg	1130.50	1126.80
		页岩	kg	204.30	203.64
		砂岩	kg	88.70	88.40
		铁粉	kg	21.80	21.80
	能源输入	电力	kW·h	23.20	20.00
	污染物输出	颗粒物	g	18.72	11.44
	产品输出	生料	kg	1445.30	1440.64
熟料煅烧	原材料/物料输入	生料	kg	1445.30	1440.64
	能源输入	电力	kW·h	34.80	30.00
		自来水	t	0.40	0.22
		煤粉	kg	139.25	137.03
	污染物输出	废水	kg	11.36	5.88
		颗粒物	g	81.59	49.35
		二氧化硫	g	73.54	78.54
		氮氧化物	kg	0.85	0.21
		汞	mg	20.71	20.26
		氟	g	6.36	6.30
		氨	g	9.44	2.51
		二氧化碳	kg	798.65	791.59
	产品输出	熟料	t	1.00	1.00

5.4.4 生命周期影响评价

5.4.4.1 特征化结果

图 5-15 为两种水泥熟料的 LCA 结果对比图。据图 5-15 可知，制备 1.00t 普通硅酸盐水泥熟料的多项环境影响指标数值相较于 1.00t 二次固废复合水泥熟料

来说稍高些，其中 PED、ADP、WU、GWP、AP、RI、POFP、EP、ET、HT-cancer 和 HT-non cancer 等 11 项指标分别高出 3.77%、3.51%、33.02%、1.72%、72.00%、60.67%、3.65%、120.52%、3.94%、2.99% 和 2.23%，但 ODP 指标数值低了 0.18%，因此其在制备水泥熟料总体上要有优势，对环境存在正面效应。对两种水泥熟料影响较大的是 PED、WU 和 GWP 等 3 项指标，其他指标的影响都相对较小。结合熟料制备过程工艺特点、清单数据分析及研究目的和范围，再针对 PED、WU 和 GWP 等指标，对两种水泥熟料清单数据敏感度进行综合分析比较，识别出生产水泥熟料生命周期过程输入输出造成环境负荷的关键流程。

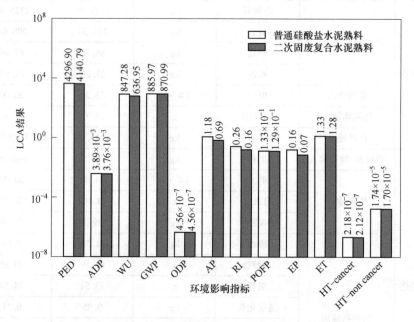

图 5-15　水泥熟料 LCA 结果对比

水泥熟料 LCA 过程累积贡献是其制备过程直接贡献和资源消耗等上游过程总贡献的累加值。两种水泥熟料单元过程的过程累积贡献占比详见图 5-16。

在制备普通硅酸盐水泥熟料过程中，相比生料制备阶段，熟料煅烧阶段对 PED、ADP、WU、GWP、AP、RI、EP、HT-cancer 和 HT-non cancer 等 9 项指标的贡献突出，分别占 91.05%、82.28%、67.11%、96.66%、76.10%、70.34%、78.36%、69.76% 和 99.69%，其他指标贡献较小。在制备二次固废复合水泥熟料过程中，熟料煅烧阶段对 PED、ADP、WU、GWP、AP、RI、EP、HT-cancer 和 HT-non cancer 等 9 项指标的贡献比生料制备阶段的大，分别为 91.68%、82.54%、57.99%、96.95%、61.13%、55.59%、53.47%、66.69% 和 99.69%，

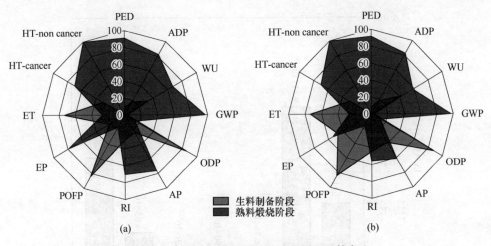

图 5-16 水泥熟料单元过程的过程累积贡献占比
（a）普通硅酸盐水泥熟料；（b）二次固废复合水泥熟料

其他指标贡献较小。造成上述结果主要是由于煅烧过程资源消耗（石灰石、页岩、砂岩、煤、电力和水）及污染物排放（CO_2、SO_2、颗粒物和重金属等）等多种因素综合导致的结果。对于两种水泥熟料，生料制备阶段对 ODP、POFP 和 ET 的影响较大，LCA 结果表明二次固废复合水泥熟料的 ODP 指标值相比于普通硅酸盐水泥熟料提高了 0.18%，因而生料制备阶段是影响 ODP 的关键单元过程。针对关键单元过程对两种熟料进行对比分析，识别出影响二次固废掺入熟料进行生产的生命周期过程的关键流程。

5.4.4.2 归一化结果

采用 eFootprint 软件中中国 2015 年归一化总量（CN-2015）方案对 PED、CO_2、IWU、COD、NH_3-N、SO_2 和 NO_x 等 7 项环境影响指标进行归一化处理，两种水泥熟料生产过程 LCA 归一化结果如图 5-17 和图 5-18 所示。

制备 1.00t 普通硅酸盐水泥熟料过程 LCA 归一化值相较于 1.00t 二次固废复合水泥熟料来说要稍高，PED、CO_2、IWU、COD、NH_3-N、SO_2 和 NO_x 分别高出 3.77%、1.66%、33.06%、4.30%、2.28%、6.90% 和 129.37%。据图 5-17 得知，普通硅酸盐水泥熟料生产过程中 CO_2 和 NO_x 排放量占全国的总量较大，分别为 9.41×10^{-11} 和 6.30×10^{-11}。

由图 5-18 可知，1.00t 二次固废复合水泥熟料生产过程的 PED、CO_2、IWU、COD、NH_3-N、SO_2 和 NO_x 归一化值分别为 3.29×10^{-11}、9.25×10^{-11}、4.78×10^{-12}、8.53×10^{-13}、1.26×10^{-13}、1.54×10^{-11} 和 2.74×10^{-11}，CO_2 排放量占全国总值较大，其次为 PED 指标。综上所述，在两种水泥熟料生产过程中 CO_2 排放量在全国总量中的贡献明显。

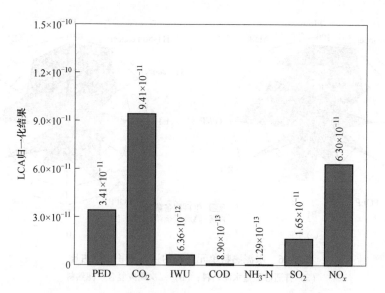

图 5-17   普通硅酸盐水泥熟料生产过程 LCA 归一化结果

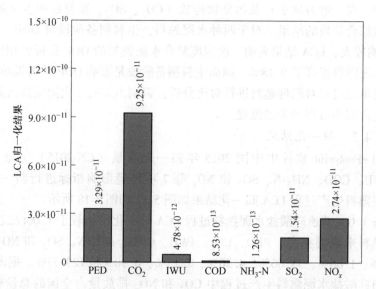

图 5-18   二次固废复合水泥熟料生产过程 LCA 归一化结果

图 5-19 和图 5-20 为两种熟料制备过程各清单物质对归一化指标的影响情况。

结合图 5-19 和图 5-20 分析，在两种水泥熟料中，生料制备阶段的石灰石消耗对 NH₃-N 贡献最大；熟料煅烧过程煤炭开采对 PED 和 COD 贡献最大。

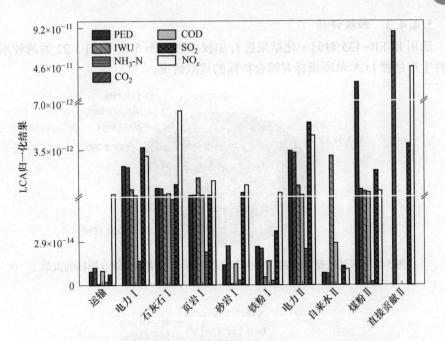

图 5-19 普通硅酸盐水泥熟料生产过程 LCA 归一化结果分析

（Ⅰ代表清单物质来自生料制备阶段，Ⅱ则来自熟料煅烧阶段）

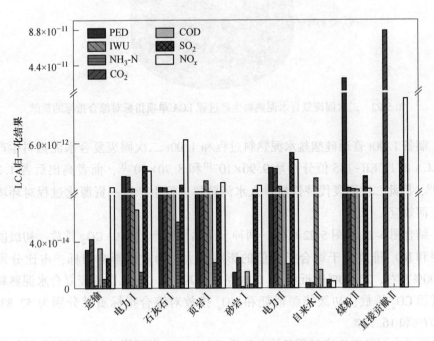

图 5-20 二次固废复合水泥熟料生产过程 LCA 归一化结果分析

（Ⅰ代表清单物质来自生料制备阶段，Ⅱ则来自熟料煅烧阶段）

5.4.4.3　加权评估

选用 ECER-135 对归一化结果进行加权求和，图 5-21 和图 5-22 为两种水泥熟料生产过程 LCA 单项指标对综合指标的贡献情况。

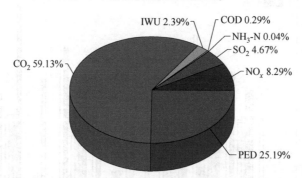

图 5-21　普通硅酸盐水泥熟料生产过程 LCA 单项指标对综合指标的贡献

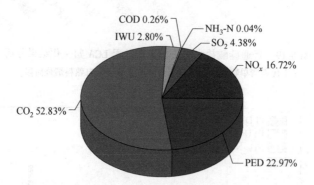

图 5-22　二次固废复合水泥熟料生产过程 LCA 单项指标对综合指标的贡献

制备 1.00t 普通硅酸盐水泥熟料过程和 1.00t 二次固废复合水泥熟料生产过程 LCA 的 ECER-135 值分别是 $9.90×10^{-10}$ 和 $8.70×10^{-10}$，前者高出后者 $1.20×10^{-10}$，因此二次固废代替铁粉掺入水泥熟料进行生产这一资源化过程对环境是呈正面效应。

结合图 5-21 和图 5-22 可知，两种水泥熟料生产过程中 CO_2 排放、初级能源消耗和 NO_x 排放对于综合指标值的影响偏大，为重要影响指标，占比分别在 55.00% 左右、25.00% 附近和 10.00% 左右。其中 1.00t 二次固废复合水泥熟料生产过程 CO_2 排放、初级能源消耗和 NO_x 排放对综合指标贡献分别为 52.83%、22.97% 和 16.72%。

两种水泥熟料生产过程各清单物质 ECER-135 指标值的帕累托图分析如图 5-23 和图 5-24 所示。

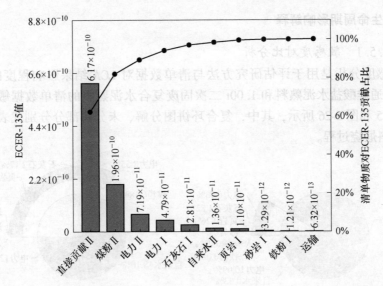

图 5-23 普通硅酸盐水泥熟料生产过程各清单物质 ECER-135 指标值的帕累托图分析

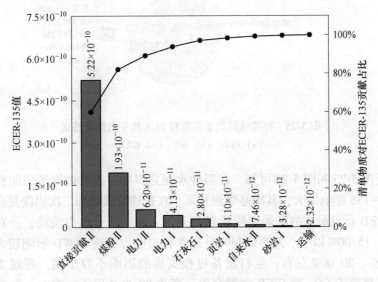

图 5-24 二次固废复合水泥熟料各清单物质 ECER-135 指标值的帕累托图分析

结合图 5-23 和图 5-24 分析可知，在两种水泥熟料中，熟料煅烧阶段的直接贡献对 ECER-135 影响最大，其次是煤炭开采。从图 5-24 看出，在 1.00t 二次固废复合水泥熟料生产过程中，熟料煅烧阶段的直接贡献对 ECER-135 贡献高达 59.98%（5.22×10^{-10}），煤炭开采次之，贡献了 15.65%（1.93×10^{-10}），而其他清单物质的贡献相对较少。

5.4.5 生命周期影响解释

5.4.5.1 敏感度对比分析

敏感度分析是用于评估研究方法与清单数据对 LCA 结果影响程度的方法。
1.00t 普通硅酸盐水泥熟料和 1.00t 二次固废复合水泥熟料的清单数据敏感分别
如图 5-25 和图 5-26 所示，其中，复合环饼图分解、未分解部分分别代表生料制
备、熟料煅烧过程。

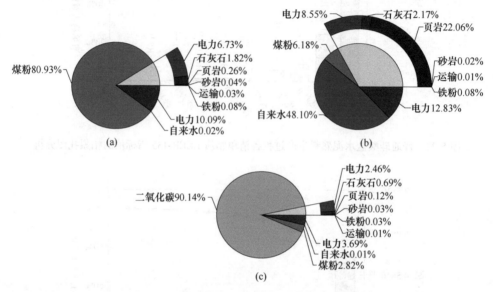

图 5-25　普通硅酸盐水泥熟料 LCA 清单数据敏感度
(a) PED；(b) WU；(c) GWP

分析图 5-25 和图 5-26 可知，在两种水泥熟料中，熟料煅烧阶段的直接贡献
对 ECER-135 影响最大，其次是煤炭开采。在普通硅酸盐和二次固废复合水泥熟
料中对 PED 贡献最大的是煅烧阶段煤炭开采，其次是总电力消耗，分别占总量
80.00%、15.00% 以上。熟料烧制时自来水和总电力消耗对 WU 影响较大，分别
在 40.00%、20.00% 左右；生料制备过程页岩的影响不容小觑，超过 20.00%。
熟料煅烧排放的 CO_2 对 GWP 贡献突出，高达 90.00% 以上。综上，影响水泥熟
料 PED、GWP 的关键流程分别是煤炭开采和总电力消耗、CO_2；而影响 WU 的关
键流程是自来水消耗、页岩开采和总电力消耗。

根据图 5-26 分析，二次固废复合水泥熟料在煅烧过程燃煤对 PED 指标的影
响最大，其次是电力消耗，分别贡献 82.64%、9.03%，生料制备电力贡献仅占
6.02%，由于二次固废中含有铁、铜等金属使得生料易烧性好，对烧成耗煤量的
降低有积极作用，故煤炭制备耗电量也在相应减少；耗电量与固废粒度呈现负相

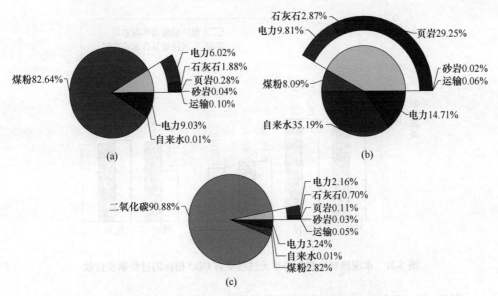

图 5-26　二次固废复合水泥熟料 LCA 清单数据敏感度

(a) PED；(b) WU；(c) GWP

关，其粒度细小，粉磨耗电量也在降低。对于 WU，煅烧阶段自来水消耗就占到 35.19%，生料制备中页岩影响也高达 29.25%，工艺中水循环利用率较与前者相较略高，水投入量也相对变少。CO_2 对 GWP 的贡献高达 90.88%，石灰石、页岩、砂岩和铁粉等配料中含碳酸盐类物质，煤中碳元素居多，它们在窑内经高温煅烧分解出大量 CO_2。此外，水泥行业是中国 CO_2 排放的第二大来源，占全国排放量 15.00%，故运用废渣替代或部分替代熟料原料的方法对于降低碳排放显得尤为重要，也是节省非金属资源的有效途径。

5.4.5.2　过程累积贡献对比分析

图 5-27 为两种水泥熟料生料制备过程对 ODP 指标的过程累积贡献。由图 5-27 可知普通硅酸盐水泥熟料在生料制备过程石灰石开采、页岩开采、砂岩开采、铁粉制备和电力消耗等对 ODP 贡献要比二次固废复合水泥熟料稍大。虽然二次固废本身对 ODP 值无影响，但其运输所作贡献偏大，导致复合熟料 ODP 值比普通熟料总体稍稍高出 0.18%，故影响 ODP 值的关键流程为原料运输。因此着重探讨原料运输情况对二次固废复合水泥熟料生产过程造成的环境负担，并与普通硅酸盐水泥熟料生产过程进行对比研究。

以江西省为例，江西省最南至最北直线距离约 620km，因此二次固废运输距离考虑在 110~620km 范围内，并以普通硅酸盐水泥熟料作参考，铁粉运输距离恒定为 30km，探究运输距离对水泥熟料的影响。运输距离与水泥熟料各指标结果关系如图 5-28 所示。

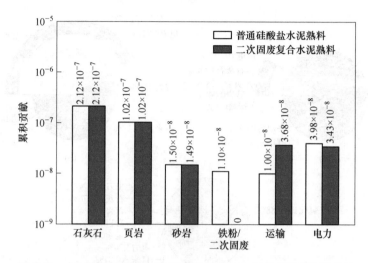

图 5-27　水泥熟料生料制备单元过程中对 ODP 指标的过程累积贡献

据图 5-28 可知，二次固废运输距离与各环境影响指标呈正相关，除 ADP、ODP、POFP 和 ET 指标外，其他环境影响指标总体变化不大，PED、WU 和 GWP 等关键指标值仅增长了 0.46%、0.26% 和 0.23%。在距离为 110km 时二次固废复合水泥熟料 ODP 指标大于普通硅酸盐水泥熟料；当距离超过 477.34km 时，ADP、POFP 和 ET 值均超后者，但对其他指标的影响微乎其微，在 110~620km 内，ADP、ODP、POFP 和 ET 分别增长了 4.87%、37.41%、9.44% 和 6.35%。

5.4.5.3　数据质量评估

不确定度是通过清单数据目标代表性和背景过程实际代表性间的差异，以及背景数据库提供的各指标不确定度合成得到的。为确定 LCA 结果准确性及波动范围，运用 CLCD 方法对数据质量进行评估。1.00t 水泥熟料 LCA 结果不确定度见表 5-17。

据表 5-17 显示，普通硅酸盐水泥熟料和二次固废复合水泥熟料的 HT-non cancer 指标不确定度均为 15.75%，主要原因是在熟料煅烧过程中汞的排放，于实景数据不确定度评估中，汞的数据来自企业实际报告，与单元过程目标代表性中代表企业及供应链实际数据存在差异，导致 HT-non cancer 指标不确定度偏高。二次固废复合水泥熟料的 PED 指标不确定度为 15.00%，CLCD 中的背景数据代表了行业平均数据并且基准年为 2013 年，与实际代表性差异较大，故传递和积累到 PED 指标上的不确定度略高。但两种水泥熟料的其他指标不确定度均在 15.00% 范围内，从数据的来源、时间、所属地区及样本大小和技术类型等综合因素考虑，水泥熟料 LCA 结果可信。

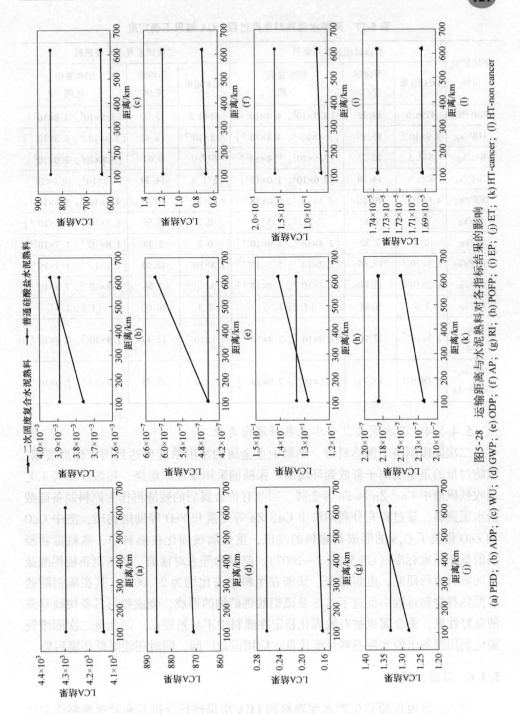

图5-28 运输距离与水泥熟料对各指标结果的影响
(a) PED; (b) ADP; (c) WU; (d) GWP; (e) ODP; (f) AP; (g) RI; (h) POFP; (i) EP; (j) ET; (k) HT-cancer; (l) HT-non cancer

——二次固废复合水泥熟料 ——普通硅酸盐水泥熟料

表 5-17　两种水泥熟料生产过程 LCA 结果不确定度

环境影响指标	普通硅酸盐水泥熟料			二次固废复合水泥熟料		
	LCA 结果	不确定度/%	95% 置信区间	LCA 结果	不确定度/%	95% 置信区间
PED/MJ	4296.9	14.75	$[3.7×10^3, 4.9×10^3]$	4140.8	15.00	$[3.5×10^3, 4.8×10^3]$
ADP/kg	$3.9×10^{-3}$	13.19	$[3.4×10^{-3}, 4.4×10^{-3}]$	$3.8×10^{-3}$	13.41	$[3.3×10^{-3}, 4.3×10^{-3}]$
WU/kg	847.3	10.33	$[7.6×10^2, 9.4×10^2]$	637.0	9.61	$[5.8×10^2, 7.0×10^2]$
GWP/kg	886.0	14.28	$[7.6×10^2, 1.0×10^3]$	871.0	14.39	$[7.5×10^2, 10.0×10^2]$
ODP/kg	$4.6×10^{-7}$	10.56	$[4.1×10^{-7}, 5.0×10^{-7}]$	$4.6×10^{-7}$	10.45	$[4.1×10^{-7}, 5.0×10^{-7}]$
AP/kg	1.2	8.41	$[1.1, 1.3]$	0.7	5.56	$[6.5×10^{-1}, 7.3×10^{-1}]$
RI/kg	0.3	7.30	$[2.4×10^{-1}, 2.8×10^{-1}]$	0.2	5.39	$[1.6×10^{-1}, 1.7×10^{-1}]$
POFP/kg	$1.3×10^{-1}$	12.65	$[1.2×10^{-1}, 1.5×10^{-1}]$	$1.3×10^{-1}$	13.05	$[1.1×10^{-1}, 1.5×10^{-1}]$
EP/kg	$1.2×10^{-1}$	11.08	$[1.4×10^{-1}, 1.8×10^{-1}]$	$7.3×10^{-2}$	7.54	$[6.8×10^{-2}, 7.9×10^{-2}]$
ET/kg	1.3	9.68	$[1.2, 1.5]$	1.3	10.00	$[1.2, 1.4]$
HT-cancer/kg	$2.2×10^{-7}$	12.00	$[1.9×10^{-7}, 2.4×10^{-7}]$	$2.1×10^{-7}$	12.14	$[1.9×10^{-7}, 2.4×10^{-7}]$
HT-non cancer/kg	$1.7×10^{-5}$	15.75	$[1.5×10^{-5}, 2.0×10^{-5}]$	$1.7×10^{-5}$	15.75	$[1.4×10^{-5}, 2.0×10^{-5}]$

5.4.5.4　二次固废复合水泥熟料浸出毒性

二次固废制备水泥熟料时，熟料中重金属的浸出浓度要达到国家标准要求，以防过量的重金属离子释放到环境中。张楠楠采用焙还原焙烧、热酸浸出等工艺回收铁矾渣中 Cu、Zn 和 Fe 等金属，回收有价金属后的残渣再作为原料制备硅酸盐水泥熟料，该过程充分利用渣中 Cu、Zn 等元素和 FeO 等助熔物质，渣中 CuO 和 ZnO 促进了 C_3S 的形成及熟料的烧成，重金属被固化在熟料中，熟料毒物浸出值低于国家标准（GB 5085.3—2007）。赵世珍等人对锰渣、镁渣制备硫铝酸盐水泥熟料进行研究，电解锰渣、镁渣在生料中占比均为 21.00%，其在硫铝酸盐水泥熟料烧制过程中促进了 C_2S 及硫铝酸钙矿物的形成，烧成熟料具备快硬早强的良好性能，重金属也被有效固化稳定在熟料中不易被浸出。因此将二次固废资源化利用制备出的水泥熟料性能优良，应用前景广阔，同时还能降低环境污染。

5.4.6　改进分析

对二次固废作原料生产水泥熟料的 LCA 结果进行分析并和常规熟料作对比时发现，固废替代原料带来了较好的环境效益。除原料替代外，还能以能源替代和提高资源利用效率等为突破点实现熟料生产过程绿色化。从生产过程优化和政府引导两方面考虑，针对二次固废生产熟料生产过程提出绿色改进方案，进一步优化水泥熟料产业链。

5.4.6.1 生产过程优化

（1）利用清洁能源，减少碳排放。煤和电力是熟料生产过程的主要能耗，燃煤也是直接导致温室气体排放量上升的重要原因。徐化等人使用垃圾衍生燃料（RDF）进行熟料烧结，RDF能满足17%的水泥生产热值需求，烧成熟料后抗折强度、抗压强度得到提高，还不会对熟料环境安全性造成影响。Sai Kishan等人对使用轮胎衍生燃料（TDF）替代燃料烧制水泥熟料的生命周期过程进行研究，TDF替代了10%的煤炭，有效减少了温室气体排放和不可再生化石燃料消耗。Hossain等人将木材衍生燃料（WDF）作水泥熟料替代燃料，WDF可替代20%的煤炭，减少约16%温室气体排放。Gemeda等人使用30%的啤酒厂废水处理干污泥和70%煤炭作为混合燃料生产水泥熟料，污泥中挥发性物质含量高，替代部分煤炭更利于燃料燃烧，而且混合燃料灰分和熟料成分相似，能部分替代黏土和砂石，节省了生产成本。Thwe等人将天然气作为燃料生产普通硅酸盐水泥，并对该过程展开LCA研究，天然气可替代10%的煤炭，还能降低温室气体排放量。对于水泥行业，节煤及煤炭清洁利用仍旧重要，因此大幅度提高可替代能源和绿色能源利用比例，有利实现行业的低碳高效生产。

（2）引进新技术，提高资源利用率。在提升煤利用率方面，程珩等人提出在窑头和窑尾分别采用富氧燃烧技术和水泥炉窑气化炉技术，该组合技术能促进燃料充分燃烧并提高火焰温度，克服了低质燃料应用难题并实现 NO_x 超低排放，产出熟料品质佳、产量也高。在水资源节约利用上，推进水资源梯级利用，加大再生水回用到熟料生产工艺中的力度以提高水资源利用率。当前水泥行业中提升先进产能比例的急迫需求与总体产能严重过剩间的矛盾凸显，以引进先进技术的方式来调整水泥产业结构，提升先进产能比例，加速水泥行业朝绿色低碳的方向转型。

（3）顺应交通运输，节约成本。在110~620km运输范围内，除ODP、POFP、ET和HT-cancer指标外，二次固废运输距离的增加对熟料制备生命周期过程其他指标造成的影响不是特别明显，但货车在运输途中引发扬尘等环境问题，车辆行驶时燃烧柴油还会排放污染物，故选择新能源车辆作为主要运输工具同样利于节能减排目标的达成。考虑到运输成本，运输距离也不宜过长。

5.4.6.2 政府引导

江西省以火力发电为主，火电占总电量的76.24%，一次电力仅占23.76%。与火电相比，水电、光伏发电、核电和风电等对环境的危害更小，政府相关部门需加快本省电力结构调整，推广清洁能源的使用。在煤炭发电技术中，超临界发电技术的投入和运行是最先进的，碳捕集和封存技术也是公开认可能有效降低

CO_2 排放的技术，将以上两种技术应用到燃煤电厂中能提升燃煤利用率，能有效控制火力发电 CO_2 排放，还能减少熟料生产阶段因电力消耗引起的间接资源消耗和环境负担，达到减污降碳的目的。政府应考虑适当的清洁能源补贴，鼓励企业利用低碳能源，并且积极推广应用二次固废复合水泥熟料这类环保建材，缓解产能严重过剩压力。

复习思考题

5-1 简述我国多源有色冶炼固体废物的来源及其危害。

5-2 简述多源有色冶炼固体废物综合利用的总体思路。

5-3 碲粉生产过程主要消耗有哪些？

5-4 在富氧熔池熔炼技术富集 Te 过程中，哪些指标对环境负荷贡献较大？

5-5 有学者采用火法协同富氧熔池熔炼技术从多源有色冶炼固废中富集 Te，根据该过程的生命周期评价结果，请提出改进措施以降低其环境影响。

6 稀土熔盐渣、稀土永磁固废资源化及其环境影响

稀土因其独特的电子层结构使其具有优异的光、电、磁、催化等物理性能和化学性能，被广泛应用于电子、石油化工、冶金、机械、能源、轻工、环保、医疗、农业等领域。近些年，稀土在手机、混合动力汽车、风力发电机、液晶电视机和高效照明等方面的应用呈现上升趋势，因此稀土元素被称为"工业味精"与"新材料之母"，它是我国重要的战略资源，直接关系国家的经济、社会和国防安全。

我国经济高速发展的同时，也消耗了大量的稀土资源，不仅造成稀土资源储量的急剧下降，同时产生大量的稀土熔盐电解渣和稀土永磁固废。合理处置和资源化利用这些稀土固废，不仅能提高稀土的回收率，还能减少稀土原矿开采量。当前，稀土熔盐电解渣以酸法处理为主，稀土永磁固废普遍采用"高温焙烧—酸溶萃取—电解还原"的传统回收方法，存在工序流程长、稀土回收率低、二次污染严重等一系列问题。为探究稀土熔盐渣、稀土永磁固废资源化过程的环境影响，使其获得高端产品的同时资源化技术更环保，本章以江西省赣州市某稀土废料资源利用公司（FET）为例，运用生命周期评价（LCA）方法定量分析稀土熔盐渣、稀土永磁固废资源化全过程各阶段资源消耗、污染物排放等，将量化结果纳入多项环境影响指标，经评估分析后为全过程协同和持续改进提供数据和分析方法，为江西省乃至全国稀土产业绿色发展和可持续发展提供支持。

6.1 稀土熔盐渣、稀土永磁固废的来源

6.1.1 稀土熔盐渣的来源

在工业生产中，稀土金属（合金）主要采用以稀土的氯化物、氟化物和氧化物为原料的熔盐电解法、钙热还原法、中间合金法、稀土氧化物的直接还原—蒸馏法进行生产。由于熔盐电解法在直接制取稀土金属及合金时可不用还原剂，其整体工艺操作较为简单且成本较低，能实现连续生产，适用于工业化规模生产，因此95%以上的稀土金属（合金）均采用熔盐电解法制备。

稀土熔盐电解法制取稀土金属及合金主要在稀土氯化物体系和稀土氟化物-氟化锂-稀土氧化物体系中进行。稀土氯化物体系熔点较低，原材料价廉易得，

操作简单，但氯化物在电解时存在原料易吸潮、电解稀土收率低、电流效率低、生产过程中产生废气污染物等缺点。相对于稀土氯化物体系，稀土氟化物-氟化锂-稀土氧化物体系具有电解质成分稳定、不易吸湿和水解、电流效率较高、稀土收率较高、对环境相对友好等优点，因此，从经济及环保角度考虑，现行稀土金属熔盐电解工艺大部分采用氟化物-氧化物体系。

稀土氟化物-氟化锂-氧化稀土体系熔盐电解生产稀土金属（合金）过程中，由于石墨高温粉化产生夹带稀土的粉尘，周期性的金属出炉及炉内阳极损耗后更换阳极时等操作带出、溅出的熔盐也成为稀土熔盐废料，以及过程中更换炉体炉衬后的清炉、穿炉、拆炉引入的杂质和原料中杂质在熔盐电解质中不断循环累积产生的稀土熔盐废料，致使整个稀土熔盐电解工艺中稀土损失量达5%左右。结合数据可知，每年由于稀土冶炼而造成的稀土损失（以氧化物计）大概0.665万吨。稀土损失形式主要为粉尘及熔盐渣，废弃物中不仅含有稀土，还有大量石墨粉、氟化钙、氧化铝、氧化铁等金属及非金属杂质。如能将稀土熔盐渣中各组分资源化利用，既能提高稀土回收率，又能提升经济效益。

6.1.2　稀土永磁固废的来源

稀土永磁材料主要是指烧结钕铁硼磁体、粘结钕铁硼、钐钴永磁等，其中烧结钕铁硼磁体占比最大。烧结钕铁硼磁体的生产流程长，过程中产生的废料形态、性质多样，通过对生产全流程产生的固废进行收集，发现废料约占投入原料的35%（质量分数），其中机加工过程产生的钕铁硼油泥废料约占20%，料皮料头、机加工不良品等约占8%，其他约占7%。稀土永磁固废的来源总结如下：

（1）熔炼废料。为满足不同烧结钕铁硼磁体的性能要求，生产前设计不同的成分。通常原料有纯铁，纯稀土金属Nd、Pr、Dy或者Pr_xNd_y合金等，以及铁硼合金和纯铝、纯铜等微量金属元素。

在熔炼前原料要经过喷砂或抛丸预处理以除去表面少量杂质和氧化皮，然后通过甩带，制作钕铁硼速凝片。其中预处理产生废料较少，废料主要集中在熔炼—速凝工序。该工序速凝片的产率占总投入量的98%左右，2%的废料中包括积料、炉渣和针状铸片，其中积料约占0.7%，炉渣和针状铸片共占1.3%。积料一般是浇铸后残存在中间包的一层钕铁硼合金，炉渣是浇铸后残存在坩埚内壁的废料，针状铸片是在浇铸过程中被甩到铜辊的正下方，进入收料盘的针状铸片。

（2）制粉废料。经过速凝甩片后得到的速凝片进行氢破碎，氢破碎过程中速凝片与氢气先发生吸氢反应，然后在600℃左右脱氢。脱氢后的物料进行气流磨。气流磨是利用高压氮气将腔体内粗粉吹起，然后经过高速旋转的分级机进行撞击，根据转速不同可获取不同尺寸的气流磨粉。在撞击过程中难免有部分尺寸极小的超细粉产生，在经过收集器后大部分进入脉冲除尘器中，产率在0.7%左右。另外，在气流磨结束后，管道里还会残存极少量的气流磨粉。

（3）成型废料。实际生产中，成型工段是使用人工最多的工段之一，也是钕铁硼生产最烦琐的工段之一。这就增加许多人为因素，产生的废料比例也较高。

在取向压型过程中，每使用一次磨具都需清扫磨具及工作台上的残粉，并收集到指定容器，称为扫粉废料，该过程废料产率在0.3%左右。另外还有清理压机时的废料，它是压型时附着在机器内壁的粉尘及取向后去除的毛边，该废料氧化较严重；在等静压完成剥样过程中，也会出现一些进油料，即压坯表面沾有液压油，表面含有不少有机物，以上两种废料的产率共占压型料的0.2%左右。另外在该工段还会出现2.5%左右的返压料，即在压型时出现掉角、断裂，或者在包样造成破损等情况，这部分返压料烧结后会出现不合格品，主要是烧结后出现掉角、弯曲、性能不合格等。

（4）烧结废料。烧结过程使用的容器为石墨盒，烧结放样前在底部撒上少量氧化铝粉末。烧结完成后石墨盒内和磁体表面会出现淡黄色的粉末，即烧损的稀土，约占试样总质量0.3%。

（5）机加工废料。在加工过程中，首先要对毛坯进行磨削，一般使用水基、双面磨床，去除表面的一层氧化皮，使毛坯表面显出金属光泽。在经过几道磨削后，毛坯达到指定尺寸。该过程中主要产生切削泥，约占总质量的10%，是钕铁硼生产产生废料最多的环节之一。毛坯在磨削加工后还需进行切割、打孔、倒角等机加工步骤，这个过程会产生机加工不良品和料皮、料头及油泥。由于在加工过程中切削液一般为油基，因此废料表面也会伴有一层油泥，由于机加工时将毛坯与机加工模具用502胶粘连起来，还有部分料头料皮表面被一层胶体覆盖。

（6）电镀废料。由于钕铁硼抗腐蚀能力较差，磁体在机加工完成后，需要进行电镀处理，常见的电镀方式有镀锌、镀镍铜镍等。电镀完成后的产品会有1%左右的不良品，不良原因主要有掉角、断裂、刀丝、镀层不合格等。

（7）测试废料。在生产过程中，需要对某些工序的样品进行测试，包括对烧结完成的磁体进行磁性能测试、对镀层样品进行跌落测试等，这些测试大多是破坏性的，不能当作产品出售。测试废料约占总量的1%。

6.2　稀土熔盐渣、稀土永磁固废的组成

6.2.1　稀土熔盐渣的组成

对稀土熔盐渣进行了渣样的多元素分析见表6-1。

表 6-1　稀土熔盐渣的元素组成　　　　　　　　　　（%）

元素	Nd	Pr	Dy	F	Fe	Mn	Co	Ba
含量	31.9	3.76	3.04	21.46	21.49	0.066	<0.010	<0.010
元素	Li	Si	Ca	Na	Mg	S	Al	C
含量	2.95	0.60	0.34	0.20	0.0077	0.10	<0.010	1.7

由表 6-1 可以看出，稀土熔盐电解渣中可回收利用的元素主要有稀土、氟和铁，其中稀土元素以钕为主，镨、镝含量相对较少。稀土熔盐渣的 X 射线衍射（XRD）分析结果如图 6-1 所示。

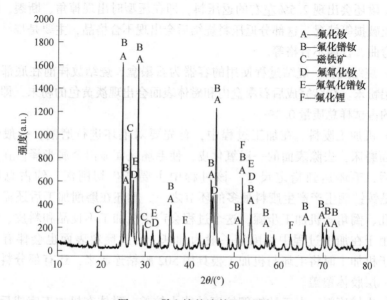

图 6-1　稀土熔盐渣的 XRD 图

图 6-1 表明，稀土熔盐渣组分比较复杂，由三类稀土电解渣（金属钕、金属镝及镨钕合金的电解渣）混合而成，稀土物相和含铁物相是构成熔盐渣的主体。主要物质组成为氟化钕、氟化镨钕、磁铁矿、氟氧化钕、氟氧化镨钕和氟化锂。

对稀土熔盐渣进行了物相组成分析见表 6-2。

表 6-2　稀土熔盐渣的物相组成及相对含量

物相名称	含量/%	物相名称	含量/%
氟化钕（NdF_3）	18.92	磁铁矿（Fe_3O_4）	26.38
氟化镨钕（$(Nd, Pr)F_3$）	15.72	赤铁矿（Fe_2O_3）	3.80
氟化镝（DyF_3）	3.17	金属铁（Fe）	0.31

续表6-2

物相名称	含量/%	物相名称	含量/%
氟氧化镨钕（(Nd, Pr)OF）	8.93	铁橄榄石（Fe_2SiO_4）	0.23
氟氧化钕（NdOF）	5.19	碳质（C）	1.70
氟氧化镝（DyOF）	0.89	二氧化硅（SiO_2）	0.61
氧化镨钕（$(Nd, Pr)_2O_3$）	1.01	氟化钙（CaF_2）	0.23
氧化钕（Nd_2O_3）	0.32	氧化钙（CaO）	0.22
氧化镝（Dy_2O_3）	0.13	黄铁矿（FeS_2）	0.11
氟化锂（LiF）	11.03	其他	1.10

由表6-2可知，渣样中的稀土物相主要为氟化钕和氟化镨钕，其次为氟氧化镨钕和氟氧化钕，另有少量的氟化镝、氧化镨钕、氧化钕和氧化镝；含铁物相主要为磁铁矿，另有少量赤铁矿和微量的金属铁、铁橄榄石；同时，渣样中还存在较多的氟化锂。此外，渣样中还有少量的碳质、二氧化硅、氟化钙、氧化钙和微量的黄铁矿、黄铜矿和尖晶石等。渣样中的稀土以氟化稀土为主，氟氧化稀土次之，另有少量氧化稀土，三者含量分别为37.81%、15.01%和1.46%。

6.2.2 稀土永磁固废的组成

按照烧结钕铁硼的生产流程收集和整理各种废料，然后对收集的废料进行物相分析，成分、碳氢氧含量测试，微观结构观察，磁性能测试，分析各类废料的形貌、成分、杂质含量等，为固废的高效绿色回收奠定基础。

（1）熔炼废料。6.1.2节提到，熔炼废料中主要包括炉渣、积料和针状铸片。对熔炼废料进行表征测试，结果如图6-2和表6-3所示。

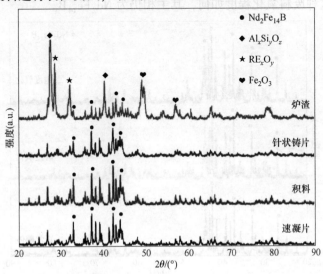

图6-2 熔炼废料的 XRD 图

表6-3   速凝废料的 C、H、O、S 含量   （%）

名称	C 含量	H 含量	O 含量	S 含量
速凝片	0.0078	0.0008	0.0019	0.0018
炉渣	0.0203	0.2048	>1	0.0055
积料	0.0068	0.0006	0.0052	0.0026
针状铸锭	0.0304	0.0019	0.0513	0.0028

图 6-2 中从上至下依次为：炉渣、针状铸片、积料和速凝片，可以看出炉渣中的主要成分有钕铁硼合金、熔炼坩埚中的成分、稀土氧化物及氧化铁等，杂质多；由于积料是残存在中间包中的合金，其主要成分仍然是钕铁硼合金，杂质成分较少；针状铸片是速凝甩片过程中凝固在铜辊最边缘、被甩出接料盘的合金，从 XRD 结果看，其主要成分仍是 $Nd_2Fe_{14}B$。

结合上面的测试，在这三种废料中，积料杂质含量、相成分和速凝片相差无几，可少量重熔回掺，或者掺向低牌号的磁体；而针状铸片虽然物相成分较好，但其内部杂质较多，可以考虑在熔炼除杂后再重新利用；对于炉渣，由于在收集的时候与坩埚内壁有粘连，成分较差，只能积累一定量后出售至上游产业进行稀土元素提取。

（2）制粉废料。制粉废料主要是气流磨过程产生的超细粉。超细粉颗粒细小，比表面积大，极易氧化，危险性大。如果用于烧结的钕铁硼粉末尺寸太小，根据烧结理论（小晶粒晶界面积较大，总晶界能高，是不稳定的），在烧结过程中细小的颗粒易溶于液相中，之后通过液相扩散、析出，生成较大颗粒晶粒。因此制粉废料一般不掺入气流磨粉中进行压制烧结，而是在氧化后提取稀土元素。

（3）成型废料。收集不同批次的扫粉废料进行 XRD 物相分析，结果如图 6-3 所示。无论这种废料氧化程度如何，其主相仍为 $Nd_2Fe_{14}B$。

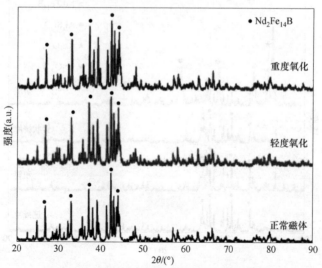

图 6-3   不同氧化程度的扫粉废料 XRD 对比

对其 C、H、O 含量的测试结果见表 6-4。

表 6-4　不同批次的扫粉废料 C、H、O 含量的比较 （%）

名称	C 含量	H 含量	O 含量
正常磁体	0.05~0.09	0.0005~0.004	0.15~0.25
轻度氧化	0.1054	0.0026	0.2240
重度氧化	0.1350	0.0052	0.7129

可以看出，扫粉废料的质量差异很大，尤其是氧含量。轻度氧化的扫粉废料氧含量与正常磁体差异不大，碳含量略高，这部分废料可以经过重熔或氢破碎再利用。而重度氧化的废料，其氧含量远远超出正常磁体。在烧结钕铁硼生产中，控氧是很重要的工作，氧含量过高对钕铁硼的性能影响是致命的。但目前对于钕铁硼本身含有的氧很难去除，只能依靠生产过程中减少氧气的进入，所以重度氧化的废料现阶段很难突破传统的湿/干法冶金直接利用。

对于清扫废料和进油料，由于其表面黏附大量的杂质及有机物，一般选择氧化后提取稀土。返压废料的分析和利用与烧结毛坯废料类似。

（4）烧结废料。烧结毛坯形状一般是圆柱或者方块，合格率在 98.5% 左右。不合格品中主要缺陷有弯曲、亮点、断裂等。

烧损稀土的主要成分有稀土氧化物、氧化铝及氧化铁（见图 6-4），其稀土含量远高于正常磁体。对于这种废料，通常收集后进行稀土元素的分离提取。

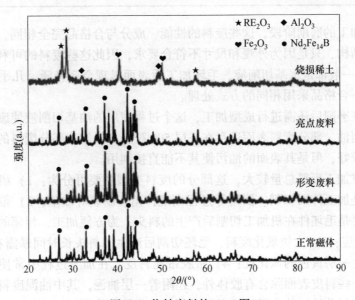

图 6-4　烧结废料的 XRD 图

选取烧结毛坯废料与正常磁体进行测试比较，发现该废料内部 C、H、O 含量与正常磁体大致相同（见表6-5），物相成分也相当，所以这部分废料与正常磁体在成分上并没有什么明显差别。

表6-5　烧结废料的 C、H、O 含量　　　　　（%）

名称	C 含量	H 含量	O 含量
正常磁体	0.0687	0.0011	0.2164
烧结废料	0.0712	0.0013	0.2340
亮点废料	0.0865	0.0023	0.2917

对于烧结毛坯废料，由于其成分及晶体结构与正常磁体差异不大，不必经历溶解、分离提纯的湿法冶金过程，只需对表面稍加处理，使用喷砂或者抛丸去除表面氧化皮，然后直接氢爆，通过加入添加相制备再生烧结磁体。

（5）机加工废料。毛坯经过磨削后进行分拣，挑选出不合格品，以圆柱为例，常见的几种不合格品见表6-6。

表6-6　圆柱不合格品类型及比例

类型	特征	比例/%
黑皮	由于表面有凹陷，磨削时未能磨到，片状黑茬	1.8
砂眼	由于表面有凹陷，磨削时未能磨到，点状黑茬	0.2
磨痕	磨床磨削过量，造成凹痕	0.2
其他	裂纹、尺寸不合格、端面不平、生锈、大掉边等	0.7

在机加工的磨削阶段，这些废料的性能、成分与合格品完全相同，保留着完整的晶体结构，只是因为外观和尺寸不符合要求，因此这些废料的可利用性很高（磨削加工一般都是水基切削液，毛坯加工后表面显现金属光泽，几乎无污染），可与烧结不合格品采用相同的方式处理。

毛坯在磨削后还需进行成型加工，这个过程使用的油基切削液使废料表面粘有大量切削油，部分废料表面还存在一层 502 胶膜。虽然这部分废料的内部成分和结构都较好，但是其表面的油污使其不能直接利用。

由于机加工废料总量较大，这部分的废料类型主要可分为：1）机加工不良品，主要是加工件因切割、倒角等过程出现掉角、断裂等缺陷；2）带胶带圆柱料头，主要是毛坯件在机加工切割后产生的料头，为方便加工，相邻的料头间由 502 胶体相连；3）大块氧化废料，毛坯切割后产生的料头长时间暴露在空气中，表面会产生一层黄色的氧化皮；4）带胶带泥料皮，在加工过程中常使用油基的切削液，一些料皮表面除含有胶体外，还附着一层油泥，其中油泥废料杂质成分比较复杂，目前的工艺水平很难对其进行工业化的回收利用。

将以上各种废料进行打磨除去表面杂质，制样后分别进行 XRD、H-O 含量的测试，结果如图 6-5 和表 6-7 所示。

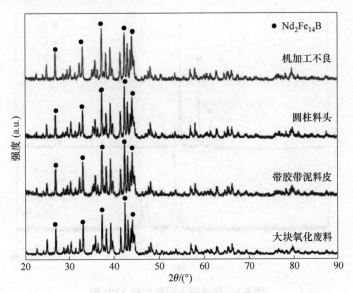

图 6-5 机加工废料的 XRD 测试

XRD 测试结果可以看出，这几种机加工废料的主相都是钕铁硼，并且没有其他杂相存在，说明其物相成分与正常磁体没有本质差别。

表 6-7 几种机加工废料的 H-O 含量测试 （%）

名称	O 含量	H 含量
正常磁体	0.1~0.25	0.0005~0.0040
机加工不良品	0.1823	0.0011
带胶带圆柱料头	0.2014	0.0007
大块氧化废料	0.2352	0.0009
带胶带泥料皮	0.2196	0.0016

从表 6-7 可以看出，废料的 O 含量虽然略高，但仍然在正常范围之内。

综上所述，在机加工中产生的料皮料头、机加工不良品内部的物相、成分与正常磁体相当，若将其表面清理干净，这部分废料可回收利用。

（6）电镀废料。对不同的电镀废料进行表征测试（见图 6-6），废料表面为镀锌或镍铜镍层等，并且不同镀层与内部的磁体粘连附着情况不同。镀锌层较薄，但与磁体粘连紧密，没有分层；镀镍铜镍层较厚，在磁体断裂后与磁体有分层。

这部分废料需要先将镀层通过化学退镀或物理剥除等方法除去，然后按照烧结废料工艺进行处理。

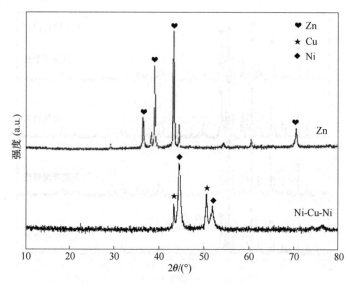

图 6-6　钕铁硼不同镀层的 XRD 图

（7）测试废料。对不同测试废料进行测试，结果见表 6-8。可以看出，测试料杂质含量少，成分与正常磁体相近，可按照烧结废料的回收工艺进行处理。

表 6-8　测试样品 C、H、O、S 含量　　　　　　　　（%）

名称	C 含量	H 含量	O 含量	S 含量
正常磁体	0.05~0.1	0.0005~0.0040	0.15~0.25	0.001~0.002
磁测废料	0.0761	0.0012	0.21	0.0015
盐雾测试废料	0.0843	0.0015	0.235	0.0016

基于烧结钕铁硼磁体生产废料的收集和测试表征，按生产工序对各种废料进行汇总，见表 6-9。

表 6-9　烧结钕铁硼磁体生产流程主要废料

产生阶段	名称	特　征	比例/%
熔炼速凝	积料	浇铸后残存在中间包的一层片状合金	0.7
	炉渣	浇铸后残存在坩埚内壁上的废料	1.3
	针状铸片	浇铸过程中被甩到铜辊的正下方，未进入收料盘的针状的铸片	
制粉	超细粉	气流磨在过滤器处会产生的超细粉（1~2μm）	0.7

产生阶段	名称	特 征	比例/%
成型	扫粉废料	磨具及工作台上的残粉	0.3
	清扫废料	清理手套箱的残粉	0.2
	进油料	等静压时试样进油被污染	
	返压废料	返压料烧结后出现外观或者性能不合格	1.3
烧结	烧损	烧结完成后石墨盒内会出现一种淡黄色的粉末	0.3
	不合格毛坯	试样出现弯曲、亮点、断裂、发黄等	1.5
磨削加工	泥料	对毛坯料表面进行磨削	10
	不良品	出现黑皮、砂眼、磨痕等	3
机加工	油泥	切片、线切割、打孔等产生的油泥	10
	料皮料头	切片、线切割、打孔等产生的料皮料头	4
	不良品	机加工后会对样品进行分拣后的不合格品	1
电镀	电镀不良品	电镀后分拣出的掉角、断裂、刀丝、镀层不合格等	1
测试	测试废料	对各阶段产品进行磁测、盐雾、跌落等试验	1
总量	—	—	36.3

6.3 稀土熔盐渣、稀土永磁固废的可利用性

6.3.1 稀土熔盐渣的可利用性

6.3.1.1 稀土相与铁相的分离

由稀土熔盐电解渣组成分析可知，铁的含量为21.49%，且该渣相中铁主要以磁铁矿、金属铁及赤铁矿等形式存在，故可采取磁选进行稀土相与铁相的分离。

而后以磁选尾矿为原料，考察硫酸熟化过程各工艺条件的影响，结果表明，稀土及锂转型率、氟去除率随着熟化温度、熟化时间、硫酸浓度、液固比的升高而增大，最终可得到最优实验条件：熟化温度为160℃，粒度为58~75μm，液固比为2:1，硫酸浓度为98%，熟化反应为3h，过程中保持搅拌转速恒定为300r/min。F的脱除率达到95.28%，Nd的转型率达到95.31%，Pr的转型率达到95.87%，Dy的转型率达到95.01%，Li的转型率达到95.88%，且硫酸熟化后残酸的循环使用性能相对稳定。

6.3.1.2 稀土相与氟相的分离

氟化物体系稀土熔盐电解渣之所以难以环保且高效地提取渣中的稀土，其关

键在于渣中的主要成分稀土氟化物和稀土氟氧化物难以被盐酸等无机酸直接分解。因此选择硅酸盐（如硅酸钠）作为焙烧添加剂，使氟化物体系稀土熔盐电解渣中稀土氟化物和稀土氟氧化物发生矿相重构，其中稀土元素生成难溶于水的物质 $RE_{10}(SiO_4)_6O_3$，而氟元素转变为溶于水的 NaF，通过水洗便可实现二者的分离；而后进入盐酸分解过程，$RE_{10}(SiO_4)_6O_3$ 与 HCl 反应生成 $RECl_3$ 和 SiO_2，前者进入溶液中形成稀土料液，后者进入渣相成为酸浸渣的主要成分，其环境影响较小。

考察硅酸盐焙烧+盐酸浸出过程各工艺条件的影响，结果表明，在焙烧过程中加入适量硅酸钠，当焙烧时间为 1.5h、焙烧温度为 850℃、熔盐电解渣与硅酸钠质量比为 1.5 : 1、水洗时间为 15min，水洗温度为 30℃、盐酸浸出时间为 2h、盐酸浓度为 4mol/L、浸出温度为 80℃ 和液固比 12 : 1 的条件下，稀土浸出率可高达 98.96%。当硅酸钠过量时，焙烧过程中还会生成另一种含 F 的稀土化合物 $NaRE_4(SiO_4)_3F$，该物质同样难溶于水但易于被盐酸分解，进而在水洗过程中无法完全实现稀土元素 La 和 F 元素的分离，导致在盐酸浸出过程中 F 元素被重新释放与稀土离子 RE^{3+} 结合成 REF_3，其结果表现为酸浸渣中含有部分 REF_3。

6.3.2 稀土永磁固废的可利用性

结合烧结钕铁硼废料的表征结果，针对不同特点的废料，提出了针对性的回收方法（见表 6-10），如返压料、不合格毛坯和加工不良品，简单处理后先氢爆、再经传统烧结方法烧结回收；针对各种料头，推荐采用新开发的室温除油、除胶、除氧化层技术进行预处理，然后经氢爆和传统烧结并辅以富稀土合金成分调控和晶界扩散，获得多牌号再生磁体。

表 6-10 烧结钕铁硼工业废料的种类、特点及可利用性分析

废料种类	含量（质量分数）/%	废料特点	推荐回收方法	回收产物
熔炼积料、烧结不合格毛坯、测试废料等	约 3	主相钕铁硼，形状规则，表面质量好	回炉熔炼，或喷丸除去表面氧化皮后氢爆	再生钕铁硼磁体
料皮料头、机加工不良品、针状铸片、电镀不良品	约 8	主相钕铁硼，但形状较为复杂，表面多含有有机物、氧化皮、镀层等，部分废料杂质含量较高	表面预处理、氢爆后，辅以富稀土合金进行传统烧结、晶界扩散	多牌号再生钕铁硼磁体

续表6-10

废料种类	含量（质量分数）/%	废料特点	推荐回收方法	回收产物
加工油泥	约20	包覆有机物，主相钕铁硼，少量氧化物和杂质	物理+化学纯化，钙热还原扩散	钕铁硼
炉渣、超细粉、清扫废料、进油料、烧损废料	约2	主相氧化物	传统湿法/火法回收	稀土化合物
		废料氧化严重，杂质多		

以上研究能够满足节能减排大背景下大幅提高稀土二次资源的回收和利用率，势必在经济、能源、环境保护上取得更大的效益。

6.4 高性能再生钕铁硼过程生命周期评价

6.4.1 烧结钕铁硼永磁材料工艺路线

烧结钕铁硼永磁材料的工艺路线如下：

（1）预处理、配料。首先将纯铁、镝铁合金、硼铁合金等原料切断、除锈，再将镨钕合金与金属钴等按一定比例称量、配料混合后倒入坩埚，进入真空感应熔炼炉。

（2）熔炼。将原料按比例装入熔炼电炉，抽真空并充入氩气于1600℃进行熔炼，熔炼完毕后注入冷凝槽冷却为合金锭。

（3）制粉。将合金锭加入吸氢炉，用高压将氢气压入合金材料内，然后脱氢，将氢气通过15m排气筒排出；合金经吸氢炉处理后在密闭条件和氮气保护下进行中破（小于0.1mm）和气流磨制粉（3~5μm），装入密闭不锈钢筒中运至成型工序。

（4）成型。将合金粉注入封闭式成型压机，在磁场中进行取向成型，经真空包装后置于等静压机内进一步成型以提高其密度，然后在封闭手套箱内拆包装入金属烧结盘内。该工序主要产生废塑料。

（5）烧结及热处理。烧结盘放入烧结炉（电阻炉），在真空状态下于1100℃进行烧结，然后低温热处理。

（6）监测。毛坯冷却后抽样监测其磁性能，合格产品进入成品库。

6.4.2　目标与范围

6.4.2.1　研究目标

运用 LCA 方法研究 FET 生产 1kg 烧结钕铁硼永磁材料产品过程的资源环境影响，分析、评价 FET 绿色烧结钕铁硼永磁材料在整个生命周期过程中所涉及的资源、能源消耗及环境污染排放状况；诊断该公司与绿色烧结钕铁硼永磁材料相关的资源、环境问题，寻求改善生产工艺和改善产品结构的机会与措施，提出产品绿色设计改进的方案建议，支撑 FET 开展绿色产品设计工作。

基于以上研究目标，按照 ISO 14040/44、GB/T 24044、GB/T 32161、T/CAGP 0028—2018、T/CAGP 0016 标准的要求，对绿色烧结钕铁硼永磁材料生命周期过程进行调查和分析，包括（但不限于）以下方面：

（1）用于支撑 FET 开展绿色产品设计工作；

（2）用于 FET 了解自身产品的生命周期环境影响状况，可用于生产技术分析和工艺改进；

（3）用于行业协会和研究机构了解行业生产现状，制定相关标准。

6.4.2.2　评价范围

评价范围包括生命周期系统边界、功能单位、数据质量与基本假设等。

A　系统边界

研究范围的确定就是界定产品系统边界。理论上应该包括所有的过程，即从原材料获取到产品废弃。按照 T/CAGP 0016 给出的烧结钕铁硼永磁材料产品生命周期评价方法要求，FET 烧结钕铁硼永磁材料生命周期系统边界分为 4 个阶段，具体包括：原辅料的生产阶段、原辅料运输阶段、烧结钕铁硼永磁材料产品生产阶段、烧结钕铁硼永磁材料产品销售阶段。

（1）原辅料生产阶段：包括镨钕合金、金属钕、镝铁合金、金属铽、钬铁合金、钆铁合金、金属钴、铜、铝、铌铁、锆、金属镓、硼铁、纯铁、氩气、氢气等原辅料。按照取舍原则，小于总物料投入 0.5% 的原辅料可忽略，则涉及的原辅料主要包括：镨钕合金、钆铁合金、硼铁、纯铁、氢气的生产过程。

（2）原辅料运输阶段：生产所需的所有原辅料运输过程。

（3）烧结钕铁硼永磁材料产品生产阶段：烧结钕铁硼永磁材料产品从原料处理到产品入库（耗能、耗材单元过程主要为熔炼、氢碎、制粉、成型、烧结）整个生产工艺过程。

（4）烧结钕铁硼永磁材料产品销售阶段：烧结钕铁硼永磁材料产品运输过程产生的资源消耗和污染排放。

烧结钕铁硼永磁材料产品生命周期系统边界如图 6-7 所示。

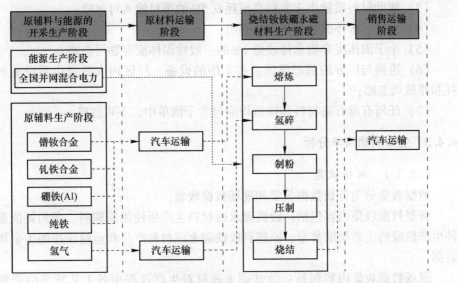

图 6-7 烧结钕铁硼永磁材料生命周期的系统边界

B 数据质量

数据收集范围涵盖了系统边界中的每一个单元过程，数据收集包括烧结钕铁硼永磁材料生产实景数据和原辅料、能源介质、运输等背景数据。

数据的质量、数据的来源具较强可信度，其中 FET 烧结钕铁硼永磁材料生产阶段据来源为企业生产报告、环境监测报告及生产现场调研数据等，收集的数据为 2018 年度，涵盖了整个生产工艺（单元过程），具有较强的代表性、完整性和准确性；原辅料、能源介质生产、运输阶段等背景数据来源于中国生命周期数据库（CLCD），中国生命周期数据库中未收录项采用标准规范、年鉴、政府文件、期刊杂志及各类参考文献等，优先选择原材料供应商提供的符合相关 LCA 要求、经第三方独立验证的上游产品 LCA 报告中的数据，如涉及的数据上游企业无法追溯或无法获取，则采用国内同等技术条件下的技术数据作为背景数据，数据能够反映具有代表性的时期（近三年），背景数据代表性、完整性、一致性较强。

C 基本假设

（1）原材料、辅料成分用量不变；

（2）烧结钕铁硼永磁材料成分品质不变；

（3）生产工艺及设备不变；

（4）原辅料、能源介质的制备，运输方式不变。

D 取舍原则

（1）能源的所有输入均列出；

（2）原料的所有输入均列出；

（3）辅助材料质量小于原料总消耗 0.5% 的项目输入可忽略；

（4）大气、水体的各种排放均列出；

（5）小于固体废弃物总排放量 1% 的一般性固体废弃物可忽略；

（6）道路与厂方的基础设施、各工序的设备、厂区内人员及生活设施的消耗和排放均忽略；

（7）任何有毒有害材料和物质均应包含于清单中，不可忽略。

6.4.3　生命周期清单分析

6.4.3.1　数据收集

数据收集分为背景数据收集和现场数据收集。

背景数据收集内容包括：钕铁硼永磁材料生产所使用原辅料、所消耗能源品种生产阶段的生命周期数据、原辅料钕铁硼永磁材料产品和运输阶段的生命周期数据。

现场数据收集内容包括：钕铁硼永磁材料生产过程中各工艺环节的资源消耗、能源消耗、污染排放数据。

A　背景数据收集

生产烧结钕铁硼永磁材料产品的主要原料有：镨钕合金、钆铁合金、硼铁、纯铁等（小于物料总投入 0.5% 的物料依据取舍原则已忽略）；辅助资源有：氮气、氢气（小于物料总投入 0.5% 的物料依据取舍原则已忽略）；生产阶段能源消耗品种有：电力。

a　镨钕合金生产阶段的生命周期数据

生产烧结钕铁硼永磁材料产品所使用的镨钕合金按需采购，其生产阶段生命周期数据采用中国生命周期数据库收录的市场平均值，见表6-11。

表6-11　镨钕合金生产阶段数据

类型	名称	单位	单耗/单排
资源能源消耗	原煤	kg	$1.4×10$
	原油	kg	$5.1×10^{-2}$
	天然气（标态）	m^3	$5.9×10^{-3}$
污染物排放	SO_2	kg	$3.3×10^{-3}$
	CO_2	kg	1.5
	NO_x	kg	$3.0×10^{-3}$
	CH_4	kg	$6.4×10^{-3}$
	CO	kg	$3.0×10^{-2}$
	总颗粒物	kg	$5.1×10^{-3}$
	$PM_{2.5}$	kg	$2.6×10^{-3}$
产品输出	镨钕合金	kg	1.0

b 纯铁（99.5%）生产阶段生命周期数据

生产烧结钕铁硼永磁材料产品所使用的纯铁按需外购，其生产阶段生命周期数据采用中国生命周期数据库收录的市场平均值，见表6-12。

表6-12 纯铁生产阶段数据

类型	名称	单位	单耗/单排
资源能源消耗	原煤	kg	1.3
	原油	kg	$4.5×10^{-2}$
	天然气（标态）	m^3	$5.2×10^{-3}$
污染物排放	SO_2	kg	$2.8×10^{-3}$
	CO_2	kg	1.3
	NO_x	kg	$2.6×10^{-3}$
	CH_4	kg	$5.6×10^{-3}$
	CO	kg	$2.6×10^{-2}$
	总颗粒物	kg	$4.4×10^{-3}$
	$PM_{2.5}$	kg	$2.3×10^{-3}$
产品输出	纯铁	kg	1.0

c 硼铁合金（20% B）生产阶段生命周期数据

生产烧结钕铁硼永磁材料产品所使用的硼铁合金按需外购，其生产阶段生命周期数据采用中国生命周期数据库收录的市场平均值，见表6-13。

表6-13 硼铁合金生产阶段数据

类型	名称	单位	单耗/单排
资源能源消耗	原煤	kg	1.5
	原油	kg	$6.1×10^{-2}$
	天然气（标态）	m^3	$5.2×10^{-3}$
污染物排放	SO_2	kg	$4.2×10^{-3}$
	CO_2	kg	2.1
	NO_x	kg	$3.9×10^{-3}$
	CH_4	kg	$8.0×10^{-3}$
	CO	kg	$4.0×10^{-2}$
	总颗粒物	kg	$6.0×10^{-3}$
	$PM_{2.5}$	kg	$5.0×10^{-3}$
产品输出	硼铁合金	kg	1.0

d　钆铁合金生产阶段生命周期数据

生产烧结钕铁硼永磁材料产品所使用的钆铁合金按需外购，其生产阶段生命周期数据采用中国生命周期数据库收录的市场平均值，见表6-14。

表6-14　钆铁合金生产阶段数据

类型	名称	单位	单耗/单排
资源能源消耗	原煤	kg	1.8
	原油	kg	6.5×10^{-2}
	天然气（标态）	m^3	7.5×10^{-3}
污染物排放	SO_2	kg	4.1×10^{-3}
	CO_2	kg	1.8
	NO_x	kg	3.8×10^{-3}
	CH_4	kg	8.2×10^{-3}
	CO	kg	3.8×10^{-2}
	总颗粒物	kg	6.5×10^{-3}
	$PM_{2.5}$	kg	3.3×10^{-3}
产品输出	钆铁合金	kg	1.0

e　氢气生产阶段生命周期数据

生产烧结钕铁硼永磁材料产品所使用的氢气按需外购，其生产阶段生命周期数据采用中国生命周期数据库收录的市场平均值，见表6-15。

表6-15　氢气生产阶段数据

类型	名称	单位	单耗/单排
资源能源消耗	原煤	kg	1.3
	原油	kg	4.4×10^{-3}
	天然气（标态）	m^3	6.3×10^{-4}
污染物排放	SO_2	kg	1.9×10^{-3}
	CO_2	kg	1.7
	NO_x	kg	1.6×10^{-3}
	CH_4	kg	3.4×10^{-5}
	CO	kg	1.5×10^{-4}
	$PM_{2.5}$	kg	4.7×10^{-4}
产品输出	氢气	m^3	1.0

f　氮气生产阶段生命周期数据

生产烧结钕铁硼永磁材料产品所使用的氮气按需外购，其生产阶段生命周期数据采用中国生命周期数据库收录的市场平均值，见表6-16。

表 6-16　氮气生产阶段数据

类型	名称	单位	单耗/单排
资源能源消耗	原煤	t	6.4×10^{-4}
	原油	t	2.9×10^{-6}
	天然气（标态）	m^3	3.2×10^{-6}
污染物排放	SO_2	t	3.2×10^{-6}
	CO_2	t	9.5×10^{-4}
	NO_x	t	2.8×10^{-6}
	CH_4	t	2.9×10^{-6}
	N_2O	t	1.5×10^{-8}
	总颗粒物	t	8.5×10^{-8}
	$PM_{2.5}$	t	9.7×10^{-7}
	PM_{10}	t	2.5×10^{-9}
产品输出	氮气（标态）	m^3	1.0

g　电力生产阶段生命周期数据

生产所使用电力资源生命周期数据采用中国生命周期数据库收录的全国混合并电网电力传输至用户的平均值，见表6-17。

表 6-17　电力生产阶段数据

类型	名称	单位	单耗/单排
资源能源消耗	原煤	t	7.7×10^{-4}
	原油	t	3.5×10^{-6}
	天然气（标态）	m^3	3.9×10^{-6}
污染物排放	SO_2	t	3.9×10^{-6}
	CO_2	t	1.1×10^{-3}
	NO_x	t	3.3×10^{-6}
	CH_4	t	3.4×10^{-6}
	N_2O	t	1.8×10^{-8}
	总颗粒物	t	1.0×10^{-7}
	$PM_{2.5}$	t	1.2×10^{-6}
	PM_{10}	t	3.0×10^{-9}
	COD	t	1.1×10^{-7}
	氨氮	t	2.8×10^{-9}
	磷酸盐	t	4.4×10^{-9}
产品输出	电力	kW·h	1.0

h　运输阶段生命周期数据

生产所使用原辅料均通过公路运输至厂，公路运输生命周期数据采用中国生命周期数据库公路运输的平均值，见表6-18。

表6-18　公路运输过程数据清单

类型	名称	单位	单耗/单排
车型	30t 柴油货车	t·km	1.0
能源消耗	原煤	kg	2.3×10^{-7}
	原油	kg	6.3×10^{-6}
	天然气（标态）	m^3	3.8×10^{-10}
排放	CO_2	kg	1.6×10^{-2}
	CO	kg	8.5×10^{-5}
	NO_x	kg	3.7×10^{-4}
	SO_2	kg	1.7×10^{-5}
	NMVOC	kg	6.4×10^{-5}
	CH_4	kg	1.6×10^{-6}
	N_2O	kg	4.6×10^{-7}

B　实景数据收集

生产烧结钕铁硼永磁材料产品生产阶段由熔炼单元过程、氢碎单元过程、制粉单元过程、成型单元过程、烧结单元过程组成。

烧结钕铁硼永磁材料整个生产过程中使用单一能源电力，整条生产线在真空及惰性气体保护下密闭生产，生产过程中熔炼炉产生微量的氧化钕及氧化铁粉尘，大部分被回收到生产环节，颗粒物经熔炼炉 1 号排气筒达标排放，其他工艺环节无废气排放。

生产废水采用混凝沉淀—化学氧化工艺处理后全部回用，不外排。生活污水经隔油隔渣预处理后进入厂区污水处理站处理达标后排入开发区污水管网。

a　熔炼工序

熔炼工序主要的物料投入包括：镨钕合金、钆铁合金、硼铁、纯铁等（小于物料总投入 0.5%的物料依据取舍原则忽略），能源消耗为电力，生产中产生的污染物排放为颗粒物。

2018 年，38HT 型号烧结钕铁硼永磁材料熔炼工序资源能源消耗、颗粒物排放情况统计表见表6-19。

表6-19　熔炼单元过程数据

类型	名称	数量	单位	单耗/单排
资源消耗	镨钕合金	196411.07	kg	2.7×10^{-1}
	钆铁合金	14980	kg	2.1×10^{-2}
	硼铁	35150	kg	4.8×10^{-2}
	纯铁	479730	kg	6.6×10^{-1}

续表 6-19

类型	名称	数量	单位	单耗/单排
能源消耗	电力	685222	kW·h	1.5
污染物排放	粉尘	36	kg	$4.9×10^{-5}$
输出	甩带片	732294	kg	1.0

b 氢碎工序

氢碎工序将熔炼后的甩带片加入氢破碎炉中并通入氢气和氩气，在氩气氛围下使氢气和甩带片进行化学反应，将带状薄片破碎成粉末。主要的物料投入包括：甩带片、氢气、氩气（总量小于物料总投入 0.5%，忽略），能源消耗为电力，生产中无污染物排放。

2018 年，38HT 型号烧结钕铁硼永磁材料氢碎工序资源能源消耗情况统计见表 6-20。

表 6-20　氢碎单元过程数据

类型	名称	数量	单位	单耗/单排
资源消耗	甩带片	732294	kg	$9.9×10^{-1}$
	氢气	22743	kg	$3.1×10^{-2}$
能源消耗	电力	266520	kW·h	$3.6×10^{-1}$
输出	氢破粗粉	743278.41	kg	1.0

c 制粉单元过程

制粉工序将氢破粗粉加入气流磨设备中，利用高压氮气研磨成平均粒度为 3～3.5μm 的细粉。主要物料投入包括氢破粗粉、氮气，能源消耗为电力，生产中无污染物排放。2018 年 38HT 型号烧结钕铁硼永磁材料制粉工序资源能源消耗情况见表 6-21。

表 6-21　制粉单元过程数据

类型	名称	数量	单位	单耗/单排
资源消耗	氢破粗粉	743278.4	kg	1.0
	氮气（液体）	379380	kg	$5.1×10^{-1}$
能源消耗	电力	853778	kW·h	1.2
输出	细粉	736588.9	kg	1.0
	超细粉（外售）	6689.5	kg	1.0

制粉单元过程产出细粉和超细粉两种中间产品。其中超细粉属于不可再利用物料，统一外售。依据分配方法，以质量分配法对细粉、超细粉进行物料、能源消耗分配，分配结果见表 6-22。

表 6-22　制粉单元数据分配表

类型	名称	数量	单位	单耗/单排
资源消耗	氢破粗粉	743278.4	kg	1.0
	氮气（液体）	375965.6	kg	$5.1×10^{-1}$

续表 6-22

类型	名称	数量	单位	单耗/单排
能源消耗	电力	846094	kW·h	1.2
输出	细粉	736588.9	kg	1.0

d　成型单元过程

成型工序利用模具将细粉按照 38HT 要求成型成一定的形状,主要的物料投入包括细粉、氮气,能源消耗为电力,生产中无污染物排放。

2018 年,38HT 型号烧结钕铁硼永磁材料成型工序资源能源消耗情况统计表见表 6-23。

表 6-23　成型单元过程数据

类型	名称	数量	单位	单耗/单排
资源消耗	氢破细粉	736588.9	kg	1.0
	氮气(液)	1517520	kg	2.1
能源消耗	电力	197320	kW·h	2.7×10^{-1}
输出	压坯	736588.9	kg	1.0

e　烧结工序

烧结工序将压坯放入烧结炉中进行高温热处理,增加材料致密度和机械强度,并形成所需的磁性相。主要的物料投入包括压坯、氩气(总量小于物料总投入 0.5%,忽略),能源消耗为电力,生产中无污染物排放。

2018 年,38HT 型号烧结钕铁硼永磁材料烧结工序资源能源消耗情况统计表见表 6-24。

表 6-24　烧结单元过程数据

类型	名称	数量	单位	单耗/单排
资源消耗	压坯	736588.9	kg	1.0
能源消耗	电力	2712160	kW·h	3.7
输出	烧结钕铁硼永磁材料	736588.9	kg	1.0

6.4.3.2　清单分析

A　原辅料生产阶段清单分析

根据镨钕合金、钆铁合金、硼铁、纯铁、氢气、氮气生产的数据收集情况,清单分析结果见表 6-25。

B　原辅料运输阶段清单分析

原材料运输阶段生命周期清单见表 6-26。

C　烧结钕铁硼永磁材料产品生产阶段清单分析

烧结钕铁硼永磁材料产品生产阶段清单分析结果见表 6-27。

表 6-25 原辅料生产清单分析

(kg/kg)

类型	项目	镨钕合金生产	钆铁合金生产	硼铁生产	纯铁生产	氢气生产	氩气生产	总计
资源能源投入	原煤	3.8×10^{-1}	3.7×10^{-2}	7.0×10^{-2}	8.2×10^{-1}	4.0×10^{-2}	1.7	3.0
	原油	1.4×10^{-2}	1.3×10^{-3}	2.9×10^{-3}	2.9×10^{-2}	1.4×10^{-4}	7.4×10^{-3}	5.5×10^{-2}
	天然气	1.6×10^{-3}	1.5×10^{-4}	2.5×10^{-4}	3.4×10^{-3}	1.9×10^{-5}	8.3×10^{-3}	1.4×10^{-2}
污染物排放	SO_2	8.7×10^{-4}	8.5×10^{-5}	2.0×10^{-4}	1.8×10^{-3}	5.9×10^{-5}	8.3×10^{-3}	1.1×10^{-2}
	CO_2	3.9×10^{-1}	3.8×10^{-2}	10.0×10^{-2}	8.3×10^{-1}	5.4×10^{-2}	2.4	3.9
	NO_x	7.9×10^{-4}	7.7×10^{-5}	1.9×10^{-4}	1.7×10^{-3}	4.7×10^{-5}	7.1×10^{-3}	9.9×10^{-3}
	CH_4	1.7×10^{-3}	1.7×10^{-4}	3.8×10^{-4}	3.7×10^{-3}	1.0×10^{-6}	7.3×10^{-3}	1.3×10^{-2}
	CO	8.0×10^{-3}	7.7×10^{-4}	1.9×10^{-3}	1.7×10^{-2}	4.6×10^{-6}	4.6×10^{-6}	2.8×10^{-2}
	总颗粒物	1.4×10^{-3}	1.3×10^{-4}	2.9×10^{-4}	2.9×10^{-3}	—	2.2×10^{-4}	4.9×10^{-3}
	$PM_{2.5}$	7.0×10^{-4}	6.8×10^{-5}	2.4×10^{-4}	1.5×10^{-3}	1.4×10^{-5}	2.5×10^{-3}	5.0×10^{-3}
	PM_{10}	—	—	—	—		6.5×10^{-6}	6.5×10^{-6}
	N_2O	—	—	—	—		3.8×10^{-5}	3.8×10^{-5}

表 6-26 原辅料运输清单分析

(kg/kg)

类型	项目	镨钕合金运输	钆铁合金运输	硼铁运输	纯铁运输	氢气运输	液氨运输	总计
资源能源投入	原煤	6.0×10^{-9}	4.6×10^{-10}	1.1×10^{-9}	1.5×10^{-8}	7.0×10^{-10}	5.9×10^{-8}	8.2×10^{-8}
	原油	1.7×10^{-7}	1.3×10^{-8}	3.0×10^{-8}	4.1×10^{-7}	1.9×10^{-8}	1.6×10^{-6}	2.3×10^{-6}
	天然气	1.0×10^{-11}	7.7×10^{-13}	1.8×10^{-12}	2.5×10^{-11}	1.2×10^{-12}	9.8×10^{-11}	1.4×10^{-10}
污染物排放	SO_2	4.5×10^{-7}	3.5×10^{-8}	8.1×10^{-8}	1.1×10^{-6}	5.3×10^{-8}	4.4×10^{-6}	6.2×10^{-6}
	CO_2	4.3×10^{-4}	3.3×10^{-5}	7.6×10^{-5}	1.0×10^{-3}	4.9×10^{-5}	4.1×10^{-3}	5.8×10^{-3}
	NO_x	9.7×10^{-6}	7.4×10^{-7}	1.7×10^{-6}	2.4×10^{-5}	1.1×10^{-6}	9.4×10^{-5}	1.3×10^{-4}
	CH_4	4.3×10^{-8}	3.3×10^{-9}	7.7×10^{-9}	1.1×10^{-7}	5.0×10^{-9}	4.2×10^{-7}	5.9×10^{-7}
	CO	2.3×10^{-6}	1.7×10^{-7}	4.0×10^{-7}	5.5×10^{-6}	2.6×10^{-7}	2.2×10^{-5}	3.1×10^{-5}
	NMVOC	1.7×10^{-6}	1.3×10^{-7}	3.0×10^{-7}	4.1×10^{-6}	2.0×10^{-7}	1.7×10^{-5}	2.3×10^{-5}
	N_2O	1.2×10^{-8}	9.4×10^{-10}	2.2×10^{-9}	3.0×10^{-8}	1.4×10^{-9}	1.2×10^{-7}	1.7×10^{-7}

表6-27　烧结钕铁硼永磁材料产品生产阶段清单分析

（kg/kg）

类型	项目	熔炼过程	氢碎过程	制粉过程	成型过程	烧结过程	总计
资源能源投入	原煤	$4.5×10^{-4}$	$2.8×10^{-4}$	$8.9×10^{-4}$	$1.5×10^{-3}$	$2.8×10^{-3}$	$6.0×10^{-3}$
	原油	$2.0×10^{-6}$	$1.3×10^{-6}$	$4.0×10^{-6}$	$6.9×10^{-6}$	$1.3×10^{-5}$	$2.7×10^{-5}$
	天然气	$3.7×10^{-6}$	$1.4×10^{-6}$	$4.4×10^{-6}$	$7.7×10^{-6}$	$1.4×10^{-5}$	$3.1×10^{-5}$
	SO_2	$3.7×10^{-6}$	$1.4×10^{-6}$	$4.4×10^{-6}$	$7.7×10^{-6}$	$1.4×10^{-5}$	$3.1×10^{-5}$
	CO_2	$1.1×10^{-3}$	$4.1×10^{-4}$	$1.3×10^{-3}$	$2.3×10^{-3}$	$4.2×10^{-3}$	$9.3×10^{-3}$
	NO_x	$3.1×10^{-6}$	$1.2×10^{-6}$	$3.8×10^{-6}$	$6.6×10^{-6}$	$1.2×10^{-5}$	$2.7×10^{-5}$
	CH_4	$3.3×10^{-6}$	$1.2×10^{-6}$	$3.9×10^{-6}$	$6.8×10^{-6}$	$1.3×10^{-5}$	$2.8×10^{-5}$
污染物排放	N_2O	$1.7×10^{-8}$	$6.4×10^{-9}$	$2.0×10^{-8}$	$3.5×10^{-8}$	$6.6×10^{-8}$	$1.4×10^{-7}$
	总颗粒物	$9.7×10^{-8}$	$3.7×10^{-8}$	$1.2×10^{-7}$	$2.0×10^{-7}$	$3.8×10^{-7}$	$8.3×10^{-7}$
	$PM_{2.5}$	$1.1×10^{-6}$	$4.2×10^{-7}$	$1.3×10^{-6}$	$2.3×10^{-6}$	$4.3×10^{-6}$	$9.4×10^{-6}$
	PM_{10}	$2.9×10^{-9}$	$1.1×10^{-9}$	$3.5×10^{-9}$	$6.0×10^{-9}$	$1.1×10^{-8}$	$2.5×10^{-8}$
	COD	$10.0×10^{-8}$	$3.8×10^{-8}$	$1.2×10^{-7}$	$2.8×10^{-8}$	$3.9×10^{-7}$	$6.7×10^{-7}$
	氨氮	$2.7×10^{-9}$	$1.0×10^{-9}$	$3.2×10^{-9}$	$7.5×10^{-10}$	$1.03×10^{-8}$	$1.8×10^{-8}$
	磷酸盐	$4.2×10^{-9}$	$1.6×10^{-9}$	$5.1×10^{-9}$	$1.2×10^{-9}$	$1.6×10^{-8}$	$2.8×10^{-8}$

D 烧结钕铁硼永磁材料销售运输阶段清单分析

烧结钕铁硼永磁材料销售运输阶段清单分析结果见表6-28。

表6-28 钕铁硼永磁材料运输清单分析 （kg/kg）

类型	项目	数值
资源能源投入	原煤	2.3×10^{-8}
	原油	6.3×10^{-7}
	天然气	3.8×10^{-11}
污染物排放	SO_2	1.7×10^{-6}
	CO_2	1.6×10^{-3}
	NO_x	3.7×10^{-5}
	CH_4	1.6×10^{-7}
	CO	8.5×10^{-6}
	NMVOC	6.4×10^{-6}
	N_2O	4.6×10^{-8}

E 烧结钕铁硼生命周期清单汇总

38HT 烧结钕铁硼产品生命周期清单汇总见表6-29。

6.4.4 生命周期影响评价

生命周期影响评价对钕铁硼永磁材料生命周期清单分析得到的资源消耗数据及排放数据进行定性或定量排序，从而得到其造成的各类环境影响。根据 ISO、SETAC 与美国环保局（EPA）对影响评价方法的规定，把钕铁硼永磁材料生命周期评价影响评价过程分为三个步骤：分类、特征化和量化。

6.4.4.1 影响类型

结合钕铁硼永磁材料生产的特点、研究目的和范围、清单分析，选择不可再生化石能源（ADP）、全球增温潜势（GWP）、酸化效应（AP）、光化学臭氧合成（POFP）、人体健康危害（HT）作为钕铁硼永磁材料生命周期的主要环境影响类型。钕铁硼永磁材料生命周期中的环境影响类别及对应当量参数见表 6-30。

表6-29　38HT 烧结钕铁硼产品生命周期清单

（kg/kg）

类型	项目	原辅料生产	原辅料运输	钕铁硼永磁材料产品生产	钕铁硼永磁材料运输	总计
资源能源投入	原煤	3.0	8.2×10^{-8}	6.0	2.3×10^{-8}	9.0
	原油	5.5×10^{-2}	2.3×10^{-6}	2.7×10^{-2}	6.3×10^{-7}	8.2×10^{-2}
	天然气	1.4×10^{-2}	1.4×10^{-10}	3.1×10^{-2}	3.8×10^{-11}	4.5×10^{-2}
污染物排放	SO_2	1.1×10^{-2}	6.2×10^{-6}	3.1×10^{-2}	1.7×10^{-6}	4.3×10^{-2}
	CO_2	3.9	5.8×10^{-3}	9.3	1.6×10^{-3}	1.3×10
	NO_x	9.9×10^{-3}	1.3×10^{-4}	2.7×10^{-2}	3.7×10^{-5}	3.7×10^{-2}
	CH_4	1.3×10^{-2}	5.9×10^{-7}	2.8×10^{-2}	1.6×10^{-7}	4.1×10^{-2}
	N_2O	3.8×10^{-5}	1.7×10^{-7}	1.4×10^{-4}	4.6×10^{-8}	1.8×10^{-4}
	总颗粒物	4.9×10^{-3}	—	8.3×10^{-4}	—	5.7×10^{-3}
	$PM_{2.5}$	5.0×10^{-3}	—	9.4×10^{-3}	—	1.4×10^{-2}
	PM_{10}	6.5×10^{-6}	—	2.4×10^{-5}	—	3.1×10^{-5}
	COD	—	—	6.7×10^{-2}	—	6.7×10^{-2}
	氨氮	—	—	1.8×10^{-5}	—	1.8×10^{-5}
	磷酸盐	—	—	2.8×10^{-5}	—	2.8×10^{-5}
	NMVOC	—	2.3×10^{-5}	—	6.4×10^{-6}	2.9×10^{-5}
	CO	2.8×10^{-2}	—	—	—	2.8×10^{-2}

表 6-30 钕铁硼永磁材料生命周期中的清单因子的分类

环境影响类别	相关环境负荷项目	参数当量
化石能源消耗（ADP）	原煤、原油、天然气	kg(锑当量)
温室增温潜势（GWP）	CO_2、CO、CH_4、NO_2	kg(CO_2 当量)
酸化效应（AP）	SO_2、NO_x、HCl、NH_3、NO_2、H_2S、NO	kg(SO_2 当量)
光化学臭氧合成（POFP）	SO_2、CO、CH_4、NO_2	kg/kg(C_2H_4 当量)
人体健康危害（HT）	SO_2、NO_2、NO_x	kg(实际质量)

6.4.4.2 特征化

研究特征化的计算模型有很多，采用"环境问题"当量因子法作为特征化的计算方法。每种环境影响类型都有与之相对应的若干环境影响因子，而这些环境影响因子对其贡献的总和用环境影响潜值来表示。

（1）化石能源消耗（ADP）。主要为原煤、原油、天然气，以锑为当量进行计算。

（2）全球增温潜势（GWP）。因为 CO_2 在温室气体中占比较大，而且对全球变暖的贡献也较大，于是，通常以 CO_2 为参照表征全球变暖。

（3）酸化效应（AP）。酸化主要是由于某些物质的溶解而导致的酸性环境损害作用，因此可以用这些物质的影响程度表示酸化作用的大小。通常以 SO_2 为参照物，其当量系数为1。

（4）光化学臭氧合成（POFP）。光化学烟雾是大气中的挥发性有机物、碳氢化合物与氮氧化合物通过光化学反应产生的，对于这些参加反应的物质通常以 C_2H_4 为参照物（当量系数为1），进而确定其他当量系数。

（5）人体健康危害（HT）。人体健康危害是指人体暴露于有毒物质的环境中而造成的健康损害。人体健康造成危害的物质主要有 SO_2、NO_x、颗粒物、NH_3、粉尘等，这些物质通常以1，4-二氯苯为参照物（当量系数为1）来确定各自的当量系数。

烧结钕铁硼永磁材料生命周期主要环境类型、环境干扰因子、特征化因子见表 6-31。

表 6-31 环境干扰因子特征化因子 （kg/kg）

环境影响清单因子	ADP 锑当量	GWP CO_2 当量	HT 1，4-二氯苯当量	AP SO_2 当量	POFP C_2H_4 当量
原煤	5.7×10^{-8}	—	—	—	—
原油	1.4×10^{-4}	—	—	—	—
天然气	1.4×10^{-4}	—	—	—	—
SO_2	—	—	9.6×10^{-2}	1.0	4.8×10^{-2}

环境影响清单因子	ADP 锑当量	GWP CO_2 当量	HT 1, 4-二氯苯当量	AP SO_2 当量	POFP C_2H_4 当量
CO_2	—	1.0	—	—	—
CO	—	2.0	—	—	3.0×10^{-2}
NO_x	—	—	1.2	7.0×10^{-1}	—
CH_4	—	2.5×10	—	—	3.0×10^{-2}
NO_2	—	4.0×10	1.2	7.0×10^{-1}	2.8×10^{-2}
总颗粒物	—	—	8.2×10^{-1}	—	—

通过计算得到烧结钕铁硼永磁材料特征化结果见表 6-32。

表 6-32　生命周期清单特征化结果　（kg/kg）

影响类型	周期阶段				总计
	原辅料生产	原辅料运输	钕铁硼永磁材料产品生产	钕铁硼永磁材料运输	
ADP	9.9×10^{-6}	3.2×10^{-10}	8.6×10^{-6}	9.0×10^{-11}	1.9×10^{-5}
GWP	4.3	5.8×10^{-3}	10.0	1.6×10^{-3}	1.4×10
HT	1.7×10^{-2}	1.6×10^{-4}	3.6×10^{-2}	4.4×10^{-5}	5.3×10^{-2}
AP	1.8×10^{-2}	9.8×10^{-5}	6.6×10^{-2}	2.7×10^{-5}	8.4×10^{-2}
POFP	1.8×10^{-3}	3.2×10^{-7}	2.4×10^{-3}	8.9×10^{-8}	4.1×10^{-3}

6.4.4.3　量化

数据标准化为各种环境影响类型的相对大小提供一个可比较的标准，从而比较各种环境影响类型的贡献大小，选取国际上推荐采用的世界范围的归一化基准值，归一化结果见表 6-33。

表 6-33　归一化结果

类型	ADP	GWP	AP	HT	POFP
数值	7.7×10^{-15}	3.7×10^{-13}	2.8×10^{-13}	1.1×10^{-15}	9.0×10^{-14}

6.4.5　生命周期影响解释

通过对 38HT 烧结钕铁硼永磁材料生命周期各阶段分析，得到生产 1kg 38HT 烧结钕铁硼永磁材料对资源、环境的影响贡献占比如图 6-8 所示。

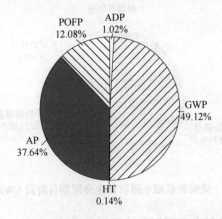

图 6-8　烧结钕铁硼永磁材料生命周期影响类型贡献

从图 6-8 可以看出，在烧结钕铁硼永磁材料的生命周期过程中，主要的环境影响贡献为 GWP(49.12%)、AP(37.64%)、POFP(12.08%)、ADP(1.02%)。

以下就烧结钕铁硼永磁材料生命周期各单元过程对各环境影响类型贡献情况进行分析，并对造成资源耗竭和环境影响的原因进行解释。

烧结钕铁硼生命周期各阶段对 ADP 指标的贡献如图 6-9 所示。

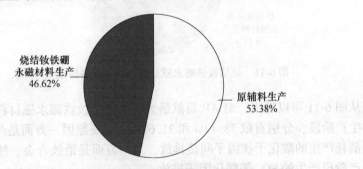

图 6-9　烧结钕铁硼永磁材料生命周期各阶段 ADP 贡献

从图 6-9 可以看出，对 ADP 贡献最大的是原辅料生产和产品生产阶段，分别占 ADP 指标的 53.38% 和 46.62%。主要原因是以上 2 个阶段是烧结钕铁硼永磁材料主要耗能阶段，因此 ADP 贡献比最大。

烧结钕铁硼永磁材料生命周期各单元过程对 GWP 指标的贡献如图 6-10 所示。

从图 6-10 可以看出，对 GWP 贡献最大的是烧结钕铁硼永磁材料生产阶段和原辅料生产阶段，分别贡献 70.06% 和 29.89%。主要原因是以上 2 阶段为产品生命周期主要耗能环节，是产生温室气体的主要生命周期阶段，而生产阶段使用的电力带来的间接温室气体排放，是烧结钕铁硼永磁材料产品生命周期 GWP 主要的贡献因子。

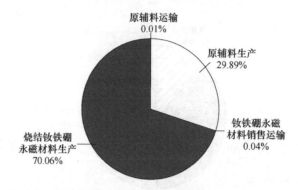

图 6-10　烧结钕铁硼永磁材料生命周期各阶段 GWP 贡献

烧结钕铁硼永磁材料生命周期各阶段对 AP 指标的贡献如图 6-11 所示。

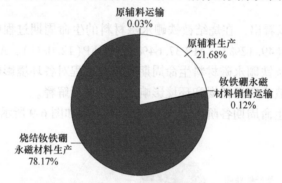

图 6-11　烧结钕铁硼永磁材料生命周期各阶段 AP 贡献

从图 6-11 可以看出，对 AP 贡献最大的为烧结钕铁硼永磁材料生产阶段和原辅料生产阶段，分别贡献 78.17% 和 21.68%。主要原因一方面是产品生产阶段对电力消耗产生的酸化干扰因子间接排放，另一方面是镨钕合金、纯铁、硼铁合金等生产阶段产生的 SO_2 等酸化因子排放。

烧结钕铁硼永磁材料生命周期各阶段对 HT 指标的贡献如图 6-12 所示。

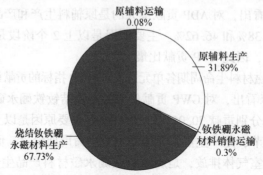

图 6-12　烧结钕铁硼永磁材料生命周期各阶段 HT 贡献

从图 6-12 可以看出，对 HT 贡献最大的为产品生产阶段和原辅料生产阶段，分别贡献 67.73% 和 31.89%。主要原因为以上两阶段是产生颗粒物、SO_2 等人体健康危害因子的主要阶段。

烧结钕铁硼永磁材料生命周期各阶段对 POFP 指标的贡献如图 6-13 所示。

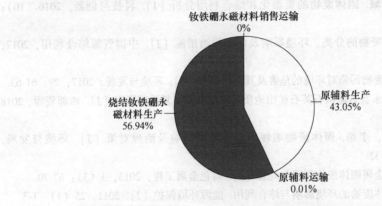

图 6-13　烧结钕铁硼永磁材料生命周期各阶段 POFP 贡献

从图 6-13 可以看出，对 POFP 贡献最大的为产品生产阶段和原辅料生产阶段，分别贡献 56.94% 和 43.05%。主要原因一方面是产品生产阶段对电力消耗产生的 POFP 干扰因子间接排放，另一方面是镨钕合金、纯铁、硼铁合金等生产阶段产生的 SO_2、NO_x 等光化合因子排放。

复习思考题

6-1　简述稀土熔盐渣的来源。

6-2　简述稀土永磁固废的组成与来源。

6-3　对绿色烧结钕铁硼永磁材料生命周期过程进行调查和分析，包括哪些方面？

6-4　烧结钕铁硼永磁材料生命周期主要环境类型有哪些，环境干扰因子有哪些？

6-5　烧结钕铁硼永磁材料生命周期各阶段对 HT 指标的贡献最大是什么环节，其原因是什么？

参考文献

[1] 第一次全国污染源普查资料编纂委员会. 污染源普查技术报告 [M]. 北京：中国环境科学出版社, 2011.

[2] 陈重洋, 邓金城. 固体废物的资源化和综合利用分析 [J]. 科技与创新, 2016 (10)：110-111.

[3] 刘大海. 固体废物的分类、环境影响及污染防治措施 [J]. 中国资源综合利用, 2017, 35：82-83.

[4] 张赫华. 固体废物污染对环境的危害及其防治研究 [J]. 环境与发展, 2017, 29：61-63.

[5] 魏振元. 甘肃永登石硐沟石英石矿山地质环境危害及恢复治理研究 [J]. 西部资源, 2018 (6)：107-108.

[6] 陈森, 周晓明, 李靖. 固体废物填埋场对环境的影响及治理对策 [J]. 环境与发展, 2018, 17：30-32.

[7] 曹学新. 有色金属固体废物利用与处置 [J]. 有色金属工程, 2013, 3 (3)：67-70.

[8] 梁凯. 矿山固体废物的环境影响与综合利用. 能源环境保护 [J]. 2011, 25 (1)：1-3.

[9] 曾现来, 张永涛, 苏少林. 固体废物处理处置与案例 [M]. 北京：中国环境科学出版社, 2011.

[10] 袁俊雅. 工业固体废物综合管理体系构建及实践初探 [D]. 武汉：华中科技大学, 2011.

[11] 刘鹏. 分析固体废物的资源化和综合利用技术 [J]. 环境科学, 2016, 13：77-79.

[12] 杨建锋, 马腾, 王尧, 等. 我国矿产开采与消费需求或至拐点 [N]. 中国矿业报, 2018.01.09 (A1).

[13] 闫军印, 侯孟阳. 我国矿产资源产业链技术效率及时空分布研究 [J]. 中国矿业, 2018, 27 (2)：65-69.

[14] 刘鹏. 分析固体废物的资源化和综合利用技术 [J]. 科技创新导报, 2016, 13 (13)：77-79.

[15] 董发勤, 徐龙华, 彭同江, 等. 工业固体废物资源循环利用矿物学 [J]. 地学前缘, 2014, 21 (5)：302-312.

[16] 中华人民共和国国家发展和改革委员会全国矿产资源规划（2016—2020 年）[R/OL]. （2017-05-11）. http：//www. ndrc. gov. cn/fggz/fzzlgh/gjjzxgh/201705/t20170511 _ 1196755_ ext. html.

[17] 刘海营, 杨航, 钱志博, 等. 铜尾矿资源化利用技术进展 [J]. 中国矿业, 2020, 29 (2)：117-120.

[18] 谭波, 张冬冬, 宁平, 等. 铜尾矿综合利用研究进展 [J]. 化工矿物与加工, 2021, 50 (2)：46-51.

[19] 张宏泉, 李琦缘, 文进, 等. 铜尾矿资源的利用现状及展望术 [J]. 现代矿业, 2017, 573：127-131.

[20] 兰志强, 蓝卓越, 张镜翠, 钨尾矿资源综合利用研究进展 [J]. 中国钨业, 2016, 31 (2)：37-42.

[21] 董志询. 某钨尾矿库周边农田土壤重金属污染特征与评价 [D]. 南昌：南昌航空大

学, 2019.

[22] 刘足根, 彭昆国, 方红亚, 等. 江西大余县荡坪钨矿尾矿区自然植物组成及其重金属富集特征 [J]. 长江流域资源与环境, 2010, 19 (2): 220-224.

[23] 付君叶. 盘古山钨矿尾砂重金属赋存形态及迁移规律研究 [D]. 赣州: 江西理工大学, 2012.

[24] 赵永红, 张静, 曹鑫康, 等. 钨矿区尾矿及周围土壤中砷的形态与释放特征研究 [J]. 安全与环境学报, 2014, 14 (4): 271-275.

[25] 江西省生态环境厅. 2018 年江西省生态环境状况公报 [EB/OL]. (2019-06-07). http://www. sthjt. jiangxi. gov. cn/art/2019/6/7/art_42073_2798022. html.

[26] 陈利兵, 陈永秀, 雷朝阳. 江西省特色产业集群发展的问题与对策 [J]. 萍乡高等专科学校学报, 2012, 29 (4): 27-29.

[27] 牛东杰, 赵有才. 工业固体废物处理与资源化 [M]. 北京: 冶金工业出版社, 2007.

[28] BEYLOT A, VILLENEUVE J. Accounting for the environmental impacts of sulfidic tailings storage in the Life Cycle Assessment of copper production: A case study [J]. Journal of Cleaner Production, 2017 (153): 139-145.

[29] 孙鑫. 典型大宗工业固体废物环境风险评价体系研究 [D]. 昆明: 昆明理工大学, 2015.

[30] 工业和信息化部, 科学技术部, 国土资源部, 等. 金属尾矿综合利用专项规划 (2010~2015) [EB/OL]. (2010-05-09). https://www. mnr. gov. cn/gk/ghjh/201811/t20181101_2324619. html.

[31] 何品晶. 固体废物处理与资源化技术 [M]. 北京: 高等教育出版社, 2011.

[32] 余斌. 资源综合利用技术产业化发展的前景及障碍——对话北京大学经济学院邓琨博士 [J]. 中国高新技术企业, 2010 (32): 30-32.

[33] 刘英平, 高新陵, 林志贵, 等. 产品生命周期评价及其研究进展 [C]//中国机械工程学会. 第 3 届制造业自动化与信息化学术交流会暨制造业自动化网络化制造系统集成学术交流会论文集, 2004: 10-14.

[34] 孙文娴, 杨海真, 王少平. 全过程固体废物管理研究进展及其对我国相关管理的启示 [J]. 四川环境, 2007, 26 (4): 88-92.

[35] 杨华明, 欧阳静. 尾矿废渣的材料化加工与应用 [M]. 北京: 冶金工业出版社, 2017.

[36] 黄赳. 现代工矿业固体废弃物资源化再生与利用技术 [M]. 徐州: 中国矿业大学出版社, 2017.

[37] 章丽, 潘文秀. 我国铜尾矿处理取得阶段性进展 [J]. 资源再生, 2018 (5): 30-31.

[38] 江西省自然资源厅. 2018 江西省自然资源年报 [EB/OL]. (2019-06-14). http://bnr. jiangxi. gov. cn/art/2019/6/14/art. 28781_1359365. html.

[39] 中华人民共和国环境保护部. 中国环境统计年报 2017 [M]. 北京: 中国环境科学出版社, 2018.

[40] 史利芳, 潘利祥, 郭炜, 等. 尾矿综合利用及实例 [C]//中国冶金矿山企业协会. 第六届全国尾矿库安全运行与尾矿综合利用技术高峰论坛论文集, 2014: 147-151, 160.

[41] 张欣, 彭小勇, 黄帅. 铀尾矿库尾矿砂大气污染的控制研究 [J]. 环境科学学报, 2014, 34 (11): 2878-2884.

［42］ 王娉娉. 矿山环境二次污染及深层次问题探究［D］. 北京：北京交通大学，2009.

［43］ 苗菲菲. 北方某冶选尾矿库周边水体污染对生物的毒害效应研究［D］. 包头：内蒙古科技大学，2013.

［44］ 李培良，李国政，刘冠峰. 某尾矿库渗漏水对地下水的影响分析［J］. 黄金，2005，26（12）：45-47.

［45］ 景炬辉. 中条山铜尾矿库坝面土壤微生物群落结构特征［D］. 太原：山西大学，2017.

［46］ 赵永红，张静，周丹，等. 赣南某钨矿区土壤重金属污染状况研究［J］. 中国环境科学，2015，35（8）：2477-2484.

［47］ 赵丽娜，姚芝茂，武雪芳，等. 我国工业固体废物的产生特征及控制对策［J］. 环境工程，2013，31（S1）：464-469.

［48］ SARFO P, DAS A, WYSS G, et al. Recovery of metal values from copper slag and reuse of residual secondary slag［J］. Waste Management，2017，70：272-281.

［49］ SU Y, WANG L, ZHANG F S. A novel process for preparing fireproofing materials from various industrial wastes［J］. Journal of Environmental Management，2018，219：332-339.

［50］ 刘源源. 铅锌矿选矿尾砂化学萃取技术研究［D］. 长沙：湖南大学，2010.

［51］ AMARAL JANUBIA C B S., SÁMICHELLE L C G, MORAIS C A. Recovery of uranium, thorium and rare earth from industrial residues［J］. Hydrometallurgy，2018，181：148-155.

［52］ DAS A P, GHOSH S. Bioleaching of Manganese from mining waste materials［J］. Materials Today：Proceedings，2018，5（1）：2381-2390.

［53］ 侯晋南. 固体废弃物的资源化［J］. 山东工业技术，2018（6）：86.

［54］ LU H J, QI C C, CHEN Q S, et al. A new procedure for recycling waste tailings as cemented paste backfill to underground stopes and open pits［J］. Journal of Cleaner Production，2018，188：601-612.

［55］ WANG G C. Unbound slag aggregate use in construction［J］. The Utilization of Slag in Civil Infrastructure Construction，2016：155-184.

［56］ 许永坤. 浅析固体废物处理与资源化进展［J］. 资源节约与环保，2018（6）：123.

［57］ 赵文廷，石鹤飞，周亚鹏，等. 矿山固体废弃物种植混合土配制方法及生态修复实效［J］. 金属矿山，2016（11）：147-151.

［58］ FAN Y, LI Y L, LI H, et al. Evaluating heavy metal accumulation and potential risks in soil-plant systems applied with magnesium slag-based fertilizer［J］. Chemosphere，2018，197：382-388.

［59］ 陈瑛，胡楠，滕婧杰，等. 我国工业固体废物资源化战略研究［J］. 中国工程科学，2017，19（4）：109-114.

［60］ TONIOLO N, RINCÓN A, AVADHUT Y S, et al. Novel geopolymers incorporating red mud and waste glass cullet［J］. Materials Letters，2018，219：152-154.

［61］ SENTHAMARAI R M, MANOHARAN P D, GOBINATH D. Concrete made from ceramic industry waste：durability properties［J］. Constr. Build. Mater.，2011，25（5）：2413-2419.

［62］ VEJMELKOVÁ E, KEPPERT M, ROVNANíKOVÁ P, et al. Properties of high performance concrete containing fine-ground ceramics as supplementary cementitious material［J］. Cem.

Concr. Compos. , 2012, 34 (1) : 55-61.

[63] RAHHAL V, IRASSAR E, CASTELLANO C, et al. Utilization of ceramic wastes as replacement of Portland cements [J]. International Conference on Construction Materials and Structures (ICCMATS), 2014: 208-213.

[64] EL-DIEB A S, KANAAN D M. Ceramic waste powder an alternative cement replacement-Characterization and evaluation [J]. Sustainable Materials and Technologies, 2018 (17): 1-11.

[65] 顾慰祖. 固体废物的资源化和综合利用分析 [J]. 节能, 2018, 37 (4): 68-70.

[66] LIUA T Y, LINA C W, LIUA J L. et al. Phase evolution, pore morphology and microstructure of glass ceramic foams derived from tailings wastes [J]. Ceramics International, 2018, 44 (12): 14393-14400.

[67] 杨建新, 王如松. 生命周期评价的回顾与展望 [J]. 环境科学进展, 1998 (2): 22-29.

[68] 王寿兵. 生命周期评价 [J]. 上海管理科学, 1998 (4): 45.

[69] 王寿兵, 杨建新, 胡聃. 生命周期评价方法及其进展 [J]. 上海环境科学, 1998 (11): 7-10.

[70] 霍李江. 生命周期评价 (LCA) 综述 [J]. 中国包装, 2003 (1): 19-23.

[71] 王寿兵, 胡聃, 吴千红. 生命周期评价及其在环境管理中的应用 [J]. 中国环境科学, 1999 (1): 78-81

[72] 杨建新, 王如松, 刘晶茹. 中国产品生命周期影响评价方法研究 [J]. 环境科学学报, 2001 (2): 234-237.

[73] 杨建新, 王寿兵, 徐成. 生命周期清单分析中的分配方法 [J]. 中国环境科学, 1999 (3): 285-288.

[74] 黄先玉. 生命周期评价 (LCA) 一种全新的环境评价方法和全面的环境管理工具 [J]. 中山大学研究生学刊 (自然科学版), 1999 (1): 27-31.

[75] 孙启宏, 万年青, 范与华. 国外生命周期评价 (LCA) 研究综述 [J]. 世界标准化与质量管理, 2000 (12): 24-25, 31.

[76] 王汉玉. 产品的生命周期评价浅析 [J]. 环境与可持续发展, 2007 (5): 57-58.

[77] 郑秀君, 胡彬. 我国生命周期评价 (LCA) 文献综述及国外最新研究进展 [J]. 科技进步与对策, 2013, 30 (6): 155-160.

[78] 王长波, 张力小, 庞明月. 生命周期评价方法研究综述——兼论混合生命周期评价的发展与应用 [J]. 自然资源学报, 2015, 30 (7): 1232-1242.

[79] 任苇, 刘年丰. 生命周期影响评价 (LCIA) 方法综述 [J]. 华中科技大学学报 (城市科学版), 2002 (3): 83-86.

[80] 宋丹娜, 柴立元, 何德文. 生命周期评价模型综述 [J]. 工业安全与环保, 2006 (12): 38-40.

[81] 白璐. 基于 LCA 的技术环境影响评价研究 [D]. 北京: 中国环境科学研究院, 2010.

[82] 郑艳华. 生命周期评价法在公路建设项目环境影响分析中的应用 [D]. 南京: 南京林业大学, 2009.

[83] 孙启宏. 生命周期评价在清洁生产领域的应用前景 [J]. 环境科学研究, 2002, 15 (4): 4-6.

[84] 过汤郓. 弗农的"产品生命周期"论与技术引进 [J]. 外国经济参考资料, 1981 (4): 17-20.

[85] 苏汉祥. 研究产品生命周期调整产品结构 [J]. 现代化工, 1982 (4): 24-26.

[86] 张键. 生命周期评价 (LCA)——环境管理和监察的新概念 [J]. 环境保护, 1995 (10): 8-10, 12.

[87] 张彤, 赵庆祥, 林哲. 生命周期评价与清洁生产 [J]. 城市环境与城市生态, 1995 (4): 32-37.

[88] 龚汉生, 翁志华. 产品的生命周期设计与并行工程 [J]. 机械设计, 1995 (9): 38-40.

[89] 洪巧巧. 燃煤电厂烟气脱硫脱硝除尘技术生命周期评价 [D]. 杭州: 浙江大学, 2015.

[90] 孙波. 基于生命周期评价的 APT 生产环境负荷研究 [D]. 赣州: 江西理工大学, 2011.

[91] 袁京, 杨帆, 李国学, 等. 非正规填埋场矿化垃圾理化性质与资源化利用研究 [J]. 中国环境科学, 2014, 34 (7): 1811-1817.

[92] 周晓莘, 徐琳瑜, 杨志峰. 城市生活垃圾处理全过程的低碳模式优化研究 [J]. 环境科学学报, 2012, 32 (2): 498-505.

[93] 孙翔, 肖芸, 阚慧, 等. 基于生命周期分析的餐厨垃圾肥料化利用环境风险评价研究 [J]. 环境污染与防治, 2013, 35 (8): 33-38.

[94] 王腾飞. 基于系统动力学的闭环供应链电子废弃物回收模式研究 [D]. 哈尔滨: 哈尔滨理工大学, 2018.

[95] 雒骏. 兰州市废旧手机回收处理体系研究 [D]. 兰州: 兰州交通大学, 2017.

[96] 秦朦. 绿色创新下电子废弃物处理中制造商与处理商合作问题研究 [D]. 新乡: 河南师范大学, 2017.

[97] 刘崇. 玉米秸秆资源化为植物营养液及生物多孔炭的研究 [D]. 哈尔滨: 黑龙江大学, 2019.

[98] 郑伟腾. 河南省农作物秸秆资源化利用问题研究 [D]. 新乡: 河南师范大学, 2018.

[99] 何珊珊. 湖南省农作物秸秆资源能源化潜力评价 [D]. 长沙: 中南林业科技大学, 2018.

[100] 吴琪, 陈从喜. 我国矿产资源开发与区域经济发展的关系研究 [J]. 中国矿业, 2015, 24 (10): 47-51.

[101] 席耀宗. 区域工业固体废物处理总线系统构建研究 [D]. 天津: 河北工业大学, 2013

[102] 张利珍, 赵恒勤, 马化龙. 我国矿山固体废物的资源化利用及处置 [J]. 现代矿业, 2012, 522: 1-5.

[103] 姜睿, 王洪涛. 中国水泥工业的生命周期评价 [J]. 化学工程与装备, 2010 (4): 183-187.

[104] 陈月冬. 中国不同类型家用热水器生命周期评价 [D]. 济南: 山东大学, 2019.

[105] 李梦婷. 折叠纸盒的生命周期评价研究 [D]. 北京: 北京印刷学院, 2019.

[106] 国际标准化组织. ISO 14040: 2066 [S/OL]. https://www.iso.org/standard/37456.html.

[107] 余翔. 竹集成材地板和竹重组材地板生命周期评价 (LCA) 比较研究 [D]. 福州: 福建农林大学, 2011.

[108] 丁达. 运用生命周期评价的肉鸡屠宰场环境影响分析 [D]. 哈尔滨：哈尔滨工业大学, 2016.

[109] 赵晨晨. 污水处理工艺生命周期环境影响分析与比较 [D]. 大连：大连理工大学, 2015.

[110] 亓聪聪. 我国湿法冶锌制备生命周期评价 [D]. 济南：山东大学, 2018.

[111] 张言璐. 我国电解铝与再生铝生产的生命周期评价 [D]. 济南：山东大学, 2016.

[112] 侯星宇, 张芸, 戚昱, 等. 水泥窑协同处置工业废弃物的生命周期评价 [J]. 环境科学学报, 2015, 35 (12)：4112-4119.

[113] 龚志起, 丁锐, 陈柏昆, 等. 基于生命周期评价的废弃混凝土处理系统评估 [J]. 建筑科学, 2012, 28 (3)：29-33.

[114] 宋小龙. 工业固体废物生命周期管理过程解析与优化方法 [D]. 北京：中国科学院大学, 2013.

[115] SONG X Q, PETTERSEN J B, PEDERSEN K B, et al. Comparative life cycle assessment of tailings management and energy scenarios for a copper ore mine：A case study in Northern Norway [J]. Journal of Cleaner Production, 2017, 164：892-904.

[116] BEYLOT A, VILLENEUVE J. Accounting for the environmental impacts of sulfidic tailings storage in the Life Cycle Assessment of copper production：A case study [J]. Journal of Cleaner Production, 2017, 153：139-145.

[117] 隋秀文. 水泥生产过程的 (㶲) 生命周期评价 [D]. 大连：大连理工大学, 2014.

[118] 王瑞蕴, 尹靖宇, 李保金, 等. 水泥工业生命周期评价及其应用 [J]. 中国水泥, 2018 (5)：120-123.

[119] 刘裕涛. LCA 方法在水泥企业清洁生产审核中的应用 [J]. 江西建材, 2017 (10)：271, 274.

[120] 王飞. 基于生命周期评价方法的洗煤厂洗选工艺研究 [D]. 呼和浩特：内蒙古大学, 2016.

[121] 李文娟. 基于生命周期评价的中国城市生活垃圾处理评价模型及软件的研究与开发 [D]. 杭州：浙江大学, 2012.

[122] 刘鹏. 基于生命周期评价的废盐酸再生工艺比较研究 [D]. 大连：大连理工大学, 2015.

[123] 亿科环境 [DB/OL]. http：//www. ike-global. com/about-us-2.

[124] CLCD—中国生命周期基础数据库 [DB/OL]. http：//www. ike-global. com/products-2/clcd-intro.

[125] 生命周期在线评价软件 [CP/OL]. http：//www. efootprint. net/#/home.

[126] 季尚行, 刘伟, 周燕华. 江西玉山 2×2500t/d 熟料水泥生产线设计概述 [J]. 水泥, 2005 (1)：20-22.

[127] 刘振齐, 关中正, 王荣保, 等. 利用尾矿、钢渣生产蒸压砖关键技术开发与应用 [Z]. 遵化市中环固体废弃物综合利用有限公司, 2017.

[128] 钱嘉伟, 倪文, 李德忠, 等. 硅质材料细度对低硅铜尾矿加气混凝土性能的影响 [J]. 金属矿山, 2011 (7)：161-164.

[129] 陈建波，赵连生，曹素改，等. 利用低硅尾矿制备蒸压砖的研究 [J]. 新型建筑材料，2006（12）：58-61.

[130] 温欣子，李富平，王建胜. 铁尾矿砂制备加气混凝土砌块的试验研究 [J]. 绿色科技，2013（11）：251-252，258.

[131] 钱嘉伟，倪文，许国东，等. 天然石膏对铜尾矿加气混凝土强度的影响研究 [J]. 硅酸盐通报，2013，32（1）：117-120，125.

[132] 钱嘉伟，倪文. 正交试验法在铜尾矿制备加气混凝土中的应用 [J]. 新型建筑材料，2012，39（12）：1-3.

[133] 鲁亚，刘松柏，赵筠. 利用铜尾矿制备经济型超高性能混凝土的研究 [J]. 新型建筑材料，2018，45（12）：18-21，43.

[134] 曾兴华. 铜尾矿在制备蒸压加气混凝土砌块综合利用技术研究 [J]. 砖瓦，2018，（10）：71-73.

[135] 江西万铜环保材料有限公司城门山铜尾矿制备绿色建材产品项目环评报告 [R]. http：//www. chaisang. gov. cn/zwgk/gssg/201909/t20190925_2113646. html.

[136] 张翠玲，陆雷，江勤，等. 复合尾矿废渣微晶玻璃析晶性能的研究 [J]. 矿冶工程，2010，30（1）：81-83.

[137] 李保卫，杜永胜，张雪峰，等. 基础成分配比对白云鄂博尾矿微晶玻璃结构及性能的影响 [J]. 人工晶体学报，2012，41（5）：1391-1398.

[138] 魏述燕. 利用北京地区铁尾矿制备泡沫微晶玻璃的工艺及其性能研究 [D]. 北京：北京交通大学，2018.

[139] 江勤，陆雷，董巍，等. 复合尾矿微晶玻璃的组成设计与显微结构分析 [J]. 矿产综合利用，2006（5）：31-34.

[140] 戚淑梅. 一种 $CaO-Al_2O_3-SiO_2$ 建筑微晶玻璃的实验室制备与性能测试 [J]. 玻璃，2011，38（9）：3-5.

[141] 马建立，卢学强，赵由才，等. 可持续工业固体废物处理与资源化技术 [M]. 北京：化学工业出版社，2015.

[142] 胡华龙，邱琦，郝永利. 尾矿和废石——综合污染预防与控制最佳可行技术 [M]. 北京：化学工业出版社，2012.

[143] 宁平，固体废物处理与处置 [M]. 北京：高等教育出版社，2007.

[144] 李金秀. 固体废物工程 [M]. 北京：中国环境科学出版社，2003.

[145] 金碚. 中国制造 2025 [M]. 北京：中信出版社，2015.

[146] TANG P, BROUWERS H J H. The durability and environmental properties of self-compacting concrete incorporating cold bonded lightweight aggregates produced from combined industrial solid wastes [J]. Construction and Building Materials, 2018, 167：271-285.

[147] CHANGMING D, CHAO S, GONG X J, et al. Plasma methods for metals recovery from metal-containing waste [J]. Waste Management, 2018, 77：373-387.

[148] HAUPT M, KÄGI T, HELLWEG S. Life cycle inventories of waste management processes [J]. Data in Brief, 2018, 19：1441-1457.

[149] HUSGAFVEL R, KARJALAINEN E, LINKOSALMI L, et al. Recycling industrial residue

streams into a potential new symbiosis product-The case of soil amelioration granules [J]. Journal of Cleaner Production, 2016, 135: 90-96.

[150] ALBERTÍ J, BALAGUERA A, BRODHAG C. Towards life cycl sustainability assessment of cities. A review of background knowledge [J]. Science of the Total Environment, 2017, 609: 1049-1063.

[151] IKHLAYEL M. Development of management systems for sustainable municipal solid waste in developing countries: A systematic life cycle thinking approach [J]. Journal of Cleaner Production, 2018, 180: 571-586.

[152] FERREIRA S, CABRAL M, JAEGER S D, et al. Life cycle assessment and valuation of the packaging waste recycling system in Belgium [J]. J Mater Cycles Waste Manag, 2017, 19 (1): 144-154.

[153] ZHOU Z Z, CHI Y, DONG J, et al. Model development of sustainability assessment from a life cycle perspective: A case study on waste management systems in China [J]. Journal of Cleaner Production, 2019, 210: 1005-1014.

[154] FRUERGAARD T, ASTRUP T. Optimal utilization of waste-to-energy in an LCA perspective [J]. Waste Management, 2011, 31 (3): 572-582.